Rudolf Virchow
Medizin und Naturwissenschaft

Zwei Reden 1845

Dokumente der Wissenschaftsgeschichte

Herausgegeben von
Christa Kirsten und Kurt Zeisler

Akademie-Verlag Berlin

Rudolf Virchow

Medizin und Naturwissenschaft

Zwei Reden 1845

Mit einer
Einführung
von

Werner Scheler

Akademie-Verlag Berlin

ISBN 3-05-000208-5
ISSN 0233-0792

Erschienen im Akademie-Verlag Berlin, DDR-1086 Berlin, Leipziger Str. 3—4

Lizenznummer: 202 · 100/037/86
Printed in the German Democratic Republic
Druck: VEB Kongress und Werbedruck
9273 Oberlungwitz
Buchbinderei: VEB Druckhaus „Maxim Gorki"
7400 Altenburg
LSV 2006
Bestellnummer: 7546473 (2187/8)
03000

Inhalt

Werner Scheler

Einführung

Wissenschaftliches Werk und ärztliches Wirken von Rudolf Virchow haben die Entwicklung der Medizin in der zweiten Hälfte des 19. Jahrhunderts entscheidend geprägt. Neben zahlreichen Beiträgen zur Ätiologie und Pathogenese spezieller Erkrankungen sowie zur Aufklärung spezifischer krankhafter Prozesse sind es vor allem seine Arbeiten über das Wesen der Krankheit, über die grundlegenden Vorgänge im Organismus, welche zu so weitgehenden Veränderungen normaler Lebenstätigkeit führen, daß diesen Krankheitswert zukommt. Hier reihen sich Forschungen über Entzündung, Leukämie, Thrombose und Embolie an Untersuchungen über krankhafte Geschwülste und degenerative Prozesse sowie an Studien über das epidemiologische Geschehen und die allgemeine Hygiene. Im Zentrum seines Werkes steht zweifellos die Zellularpathologie.
Durch seine histopathologischen Untersuchungen und experimentellen Arbeiten wurde sich Virchow zunehmend der Bedeutung der Zelle als Grundeinheit aller Lebewesen und als zentrales Element im pathologischen Geschehen bewußt. 1858 faßt er seine Erkenntnisse und Überlegungen in dem Werk „Die Cellular-Pathologie in ihrer Begründung auf physiologische und pathologische Gewebelehre“[1] zusammen. Dieses Buch und seine umfangreichen übrigen Arbeiten waren Meilensteine in der Medizin auf ihrem Weg zu einer angewandten Naturwissenschaft.
Forscht man nach den Ursachen, nach den geistigen Wurzeln der Wirkung des Virchow'schen Schaffens, so findet man erste, höchst bezeichnende Aufschlüsse in frühesten Äußerungen des jungen Arztes. Virchow, der seine militärärztliche Ausbildung am damaligen Berliner medizinisch-chirurgischen Friedrich-Wilhelms-Institut 1843 abgeschlossen hatte, war bis zum Staatsexamen als Kompanie-Chirurg (was etwa einer Assistentenstelle entsprach) in der Pathologie tätig und arbeitete 1845 unter Anleitung des Prosektors der Charité, Robert Froriep, über pathologisch-anatomische Fragen verschiedener Art, so der Pathologie des Blutes, des Gefäßsystems, der Entzündung. Es mögen sein Eifer, seine Begabung gewesen sein, die ihm, dem 24jährigen, noch keineswegs reifen Mediziner, den ehrenvollen Auftrag einbrachten, aus offiziellem Anlaß eine Festansprache zu halten. Am 3. Mai 1845 tritt er vor dem Lehrkörper und den Hörern mit einer Rede auf: „Das Bedürfniß und die Möglichkeit einer Medicin vom mechanischen Standpunkt, nachgewiesen an Beispielen. Die Therapie der Blutungen. Das entzündliche Blut. Die Säuferdyskrasie.“[2]
Aus den Briefen Virchows an seinen Vater geht hervor, daß diese Rede einiges Aufsehen erregte und die leitenden Ärzte auf den jungen selbstbewußten angehenden Mediziner aufmerksam machte: „Er (Eck) tadelte nur die Haltung des Ganzen und den Ton an manchen einzelnen Stellen; es klänge oft so, meinte er, als wenn ich Mitglied der Academie von Frankreich wäre.“[3] Wenige Wochen später wurde ihm von der Leitung des Instituts kurzfristig angetragen, erneut eine Festrede zu halten, „in der Art, wie meine letzte gewesen“.[4] Diese zweite Rede hält Virchow am 2. August des gleichen Jahres; im Auditorium sind eine ganze Reihe führender Berliner Ärzte und Beamte anwesend.
In beiden Ansprachen fordert Virchow, die Medizin „vom Standpunkt der Mechanik“ aus auf naturwissenschaftliche Grundlage zu stellen, um auf diese Weise zur causa einer Krankheit vorzudringen, ihre Genese aufzuhellen, ihre Verhütung oder Behandlung rational zu betreiben.
Er erklärt: „Die Medizin von 1845 strebt dahin, sich als eine angewandte Naturwissenschaft wieder den Platz zu erringen, der ihr vermöge der Würde und der Bedeutung ihres Objektes, des Menschen, wohl gebührt; die Einigung der Medizin mit den übrigen Naturwissenschaften ist die große Frage der ärztlichen Gegenwart.“[5] Bezeichnenderweise hat er in diesem Satz mit dem Wort *übrigen*, für sich bereits die geistige Einordnung der Medizin als Naturwissenschaft vollzogen.

In seinem Vorwort zu den zwei Reden bekennt er, daß es darauf ankam, „zu zeigen, daß die praktische Medizin nie etwas anderes (sein darf), als eine angewandte Naturwissenschaft, daß ihre Begründung auf die Anatomie und Physiologie mehr als hohle Phrasen, die Zurückführung ihrer Erfahrungen auf die Lehrsätze der Physik und Chemie mehr als Blendwerk sein können".[6]
Rudolf Virchow stellt sich mit diesen beiden Reden als einer der entschiedensten Vertreter einer neuen Ärztegeneration, eines Verfechters für eine wissenschaftliche Durchdringung der Medizin vor. Jugendliche Sturm- und Drangzeit, Fleiß, Energie und ein starkes Selbstbewußtsein paaren sich bei Virchow mit der begierigen Aufnahme und schöpferischen Verarbeitung vielfältiger neuer, ja revolutionierender Erkenntnisse aus Physik, Chemie und Biologie. So war ja die erste Hälfte des 19. Jahrhunderts durch einen unvergleichlichen Aufbruch naturwissenschaftlicher Erkenntnis gekennzeichnet.
Friedrich Engels schreibt in seiner „Dialektik der Natur" über diese Periode: „Um dieselbe Zeit aber nahm die empirische Naturwissenschaft einen solchen Aufschwung und erreichte so glänzende Resultate, daß dadurch nicht nur eine vollständige Überwindung der mechanischen Einseitigkeit des 18. Jahrhunderts möglich wurde, sondern auch die Naturwissenschaften selbst durch den Nachweis der in der Natur selbst vorhandenen Zusammenhänge der verschiedenen Untersuchungsgebiete (der Mechanik, Physik, Chemie, Biologie etc.) aus einer empirischen in eine theoretische Wissenschaft und bei der Zusammenfassung des Gewonnenen in ein System der materialistischen Naturkenntnis sich verwandelte".[7]
In der Tat, Physik, Chemie und Biologie warteten mit Ergebnissen auf, die das Denken, das Bild von der Natur, die Anschauung vom Menschen einschneidend veränderten. Das Phänomen der Elektrizität wird in dieser Zeit durch Forscher wie Ørstedt, Ampère, Ohm, Faraday wissenschaftlich erschlossen, die Chemie häuft Entdeckung auf Entdeckung, Sertürner isoliert das Morphin, Wöhler führt 1828 mit der Harnstoffsynthese aus anorganischen Stoffen den Beweis für die Einheitlichkeit anorganischer und organischer Materie, Robert Mayer tritt 1842 mit der Theorie der Erhaltung der Energie an die Öffentlichkeit. Schleiden und Schwann erkennen und belegen die Zelle als Grundelement aller Lebewesen, v. Baer erarbeitet die Grundlagen für eine Entwicklungsbiologie der Tiere, die Physiologie wird zur experimentellen Basis der Medizin.
Es ist dies das wissenschaftsgeschichtliche Umfeld, in das der Medizinstudent Rudolf Virchow hineingestellt ist, und das durch seine Lehrer, den bekannten Chemiker und Physiker Eilhard Mitscherlich, den angesehenen Biologen und Mediziner Christian Gottfried Ehrenberg, den Kliniker Johann Lucas Schoenlein und vor allem den berühmten Physiologen, Embryologen, vergleichenden Anatomen und Pathologen Johannes Müller vermittelt wird. Gerade dieser, der mit seinem „Handbuch der Physiologie des Menschen" die Lehre wissenschaftlich bereichert, weckt offenbar bei dem jungen Virchow naturwissenschaftliches Verständnis und das Interesse an der Forschung. Bezeichnenderweise gehen aus der Schule von Johannes Müller weitere bedeutende Gelehrte hervor, so Hermann Helmholtz, Emil du Bois-Reymond, Ernst Wilhelm Ritter von Brücke, Jacob Henle, Theodor Schwann, Ernst Haeckel u. a. Die Möglichkeit für wissenschaftliches Arbeiten eröffnet sich für Virchow durch seine Tätigkeit in der Prosektur der Charité.
Die Ausweitung und Vertiefung naturwissenschaftlicher Erkenntnisse und seine eigenen ersten medizinischen Forschungen sind für Virchow der Ausgangspunkt für die Wahl der Thematik der beiden Vorträge: „Entdeckung folgt auf Entdeckung, jeder Tag häuft neues Material zu dem schon riesenhaft angesammelten Stoff. Wie soll der praktische Arzt die Verbindung mit der Wissenschaft unterhalten? . . . Und ist nicht das Bedürfnis nach einer Einigung der wissenschaftlichen Erfahrungen mit den praktischen Erfolgen fühlbarer als je?"[8]
Aber es ist nicht nur die Fülle neuen Wissens an sich, das Virchow zu dem Anliegen seines Mai-Vortrages bewegt, sondern zugleich die damit verbundene Möglichkeit gegen Scholastik, gegen agnostizistische, spekulativ-naturphilosophische, mystische Tendenzen und Richtungen in der Medizin anzugehen, den „Kampf gegen Unglauben, den Aberglauben und den Überglauben"[9] in der Medizin zu führen. Er mahnt: „Homöopathie und Hydropathie, Magnetismus und Exorcismus Phantome des Mittelalters — erheben ungestört ihr Haupt, und das Licht der Wissenschaft ist noch nicht klar genug, um sie ungesäumt zerstreuen zu können."[10] — Gewiß, paramedizinische Verirrungen gab es in den verschiedenen Entwicklungsphasen der medizinischen Wissenschaft und Praxis, und auch die Gegenwart kennt Beispiele unwissenschaftlichen Denkens in der Medizin,

die Akupunktur nicht ausgenommen, doch waren das ausgehende 18. und das beginnende 19. Jahrhundert besonders reich gesegnet mit ihnen.
Für jeden, der sich mit Fragen der Kreativität in der Wissenschaft befaßt, sind die beiden Virchow'schen Reden ein Lehrbeispiel dafür, wie sich bereits in jungen Jahren Vorstellungen und Ideengebäude präformieren, die sich durch sein ganzes Wissenschaftlerleben verfolgen lassen und die immer mehr ausreifen, immer konkretere Konturen annehmen, inhaltlich gefüllt werden.
Eine dieser sein ganzes späteres Werk durchziehenden Leitideen ist die von der strengen Kausalität pathologischen Geschehens, vom auslösenden Moment über die Folgeschritte bis zur Manifestation einer Krankheit. Es darf uns heute nicht verwundern, wenn ein solcher Ablauf des Prozesses damals von Virchow nahezu als deterministisch, die patho-physiologischen Äußerungen gewissermaßen mechanistisch verstanden wurden, prägten doch zu jener Zeit die Mechanik und eine deterministische Physik das Bild der Naturwissenschaft in starkem Maße. Nur so sind seine Worte zu verstehen: „Die neueste Medizin bezeichnet ihre Anschauungsweise als die mechanische, ihr Ziel als die Feststellung einer Physik der Organismen. Sie weist nach, daß Leben nur ein Ausdruck für eine Reihe von Erscheinungen ist, deren jede einzeln nach den gewöhnlichen physikalischen und chemischen, d. h. mechanischen Gesetzen von Statten geht."[11] Virchow bekennt sich zu dieser „neuesten Medizin" und er verwirft hier den Vitalismus, welcher das Phänomen Leben auf besondere – außerhalb von Physik und Chemie wirkende – Kräfte zurückführt.
An anderer Stelle, im August-Vortrag, meint er: „Wenn übrigens die mechanische Medizin die Erscheinungen des Lebens auf allgemein gültige physikalische oder chemische Gesetze zurückzuführen strebt, so kann sie nicht daran denken, den Grund dieser Erscheinungen mechanisch erklären zu wollen."[12] Aufschlußreich ist es, daß wenige Jahrzehnte später Friedrich Engels solche Fragen aufgreift und vom materialistisch-dialektischen Standpunkt behandelt: „. . . nicht jede der höheren Bewegungsformen [der Materie mag] stets notwendig mit einer wirklichen mechanischen (äußerlichen oder molekularen) Bewegung verknüpft sein . . .; gerade wie die höheren Bewegungsformen gleichzeitig auch andere produzieren, chemische Aktion nicht ohne Temperatur- und Elektrizitätsänderung, organisches Leben nicht ohne mechanische, molekulare, chemische, elektrische etc. Änderung möglich. Aber die Anwesenheit dieser Nebenformen erschöpft nicht das Wesen der jedesmaligen Hauptform. Wir werden sicher das Denken einmal experimentell auf molekulare und chemische Bewegungen im Gehirn ‚reduzieren'; ist damit aber das Wesen des Denkens erschöpft?"[13]
Ausdruck strenger Kausalität ist für Virchow auch die Entwicklung von der Eizelle zum Organismus. Er greift den Begriff „Idee des Organismus" als eine „legislative Potenz im Körper" auf und interpretiert diese als „das Gesetz . . . , nach welchem unter gegebenen Bedingungen (Befruchtung, Wärme, Nahrung, Luft) aus einem bestimmten, schon gegebenen Dinge (der Eizelle) etwas Bestimmtes werden muß".[14] Es erscheint durchaus bemerkenswert, welches Verständnis der junge Mediziner Virchow für das Wechselspiel zwischen – wie wir heute sagen – genetischem Programm und Milieueinflüssen entwickelt, zu einem Zeitpunkt, da Genetik und Entwicklungsbiologie noch wissenschaftlich unerschlossene Gebiete sind, die Embryologie sich gerade zu etablieren anschickt.
Eine zweite Leitidee seines späteren Werkes wird bereits in diesen beiden Auftritten Virchows erkennbar. Es ist dies die Bedeutung der Zelle als Grundelement jeglicher belebter Materie. Um sie beginnt sich schon in diesen frühen Jahren ein Ideengebäude zu formieren. Später als „Zellularpathologie" weiterentwickelt, auch doktrinär vertreten, finden sich Anfänge seiner Überlegungen, Ansätze zur Theorie zellulärer Ursachen und Mechanismen pathologischer Prozesse im Mai-Vortrag 1845: „Die Zelle ist für uns das organische Atom, analog dem chemischen oder physikalischen Molekül. . . . Jede Zelle aber hat in sich gewisse Eigenschaften, die nach Form, Mischung, Art usw. different sind und unter günstigen Bedingungen aktiv auftreten; die Summe dieser Erscheinungen nennen wir Leben."[15] Und im August-Vortrag heißt es: „Was ist nun aber Leben? Leben ist im Allgemeinen Zellenthätigkeit. . . . Der Mensch stellt so gut ein Zellensystem dar, als die einfache Pflanze; er ist nur ein Zellensystem mit Seele. . . . Die Entwicklung des Leibes von der einfachen Zelle bis zum fertigen Organismus . . . setzen die gründlichsten anatomischen Untersuchungen voraus, wenn man sie verstehen will. Da aber jeder Wechsel der Form, jede Thätigkeit, die Ernährung, der Stoffumsatz, das Denken, die Bewegung mit chemischen Veränderungen der

Materie verbunden sind oder vielmehr durch sie zustande kommen, so sind detaillirte chemische Beobachtungen nöthig, die leider noch zu sehr fehlen."[16]
Entschieden beschränkt Virchow den Begriff Leben auf biologische Organisationsformen der Materie, so auch des Menschen. Daß die soziale Daseinsweise als höhere Form des Lebens auf der biologischen Daseinsweise aufbaut und mit ihr verkoppelt ist, wird von Virchow nicht in Betracht gezogen: „Von einem Leben der Atmosphäre, der Erde oder der Völker zu reden, ist ein logischer oder poetischer Irrthum".[17] Im übrigen führte ihn die einseitige Überbetonung des rein zellulären Aspektes physiologischer und pathologischer Vorgänge — bei aller Einsicht in die organismische Integration der Zelle — zu einer Unterschätzung übergeordneter, d. h. organismischer Regulations- und Steuerungsprozesse sowie aus ihrer Störung erwachsender Krankheitsursachen. Aufschlußreich ist, daß Virchow — trotz Bekennung zu gewissen materialistischen, zugleich deterministischen Anschauungen über die Lebensprozesse — den Menschen als ein „Zellensystem mit Seele"[18] charakterisiert. Inwieweit dem ein opportunistisches Zugeständnis an Konvention und Zuhörerkreis zugrundeliegt oder tatsächlich idealistische Anschauungen — vielleicht auch nur Konzessionen an terminologische Begrenzungen — ist kaum zu entscheiden. Aus seiner späteren Zeit sind gewisse neovitalitische Auffassungen bekannt.
Ein drittes wesentliches Prinzip Virchow'schen Denkens und medizinischen wie wissenschaftlichen Wirkens offenbart sich in seiner Mai-Rede, die — nach seinen eigenen Worten — „ein förmliches medicinisches Glaubensbekenntnis"[19] enthielt. Es handelt sich dabei um die Methodik wissenschaftlicher Arbeit in der Medizin überhaupt. Abweichend von dem zu seiner Zeit weitverbreiteten Empirismus und phänomenologischen Darstellungen fordert er, „daß die Forschung über Krankheit und Heilung absolut einen dreifachen Weg gehen muß. Der erste ist der der Klinik: die Untersuchung des Kranken mit allen Hülfsmitteln der Physik und Chemie unter oberster Leitung der Physiologie und Anatomie. Der zweite ist der des Experiments: die Erzeugung der Krankheit und die Erforschung der Wirkung eines Arzneimittels am Thier. Der dritte endlich ist der der Mikroskopie: das Studium des Leichnams und seiner einzelnen Theile mit dem Skalpell, dem Mikroskop und dem Reagens."[20]
Ganz deutlich wird mit diesen seinen Ausführungen wieder der Bezug hergestellt, die Medizin als angewandte Naturwissenschaft zu verstehen und zu betreiben. Das Öffnen der medizinischen Forschung für die methodischen und Erkenntnisfortschritte der Physik und Chemie sieht Virchow als eine entscheidende Quelle für den Fortschritt der Medizin an. Vergessen wir nicht, daß die Einführung des Mikroskops in die medizinische Forschung Anfang des 19. Jahrhunderts in den Folgejahren eine neue Dimension des Erkenntnisumfanges und des Verständnisses für physiologische und pathologische Abläufe im Organismus erschloß. Das Mikroskop stand an der Wiege der Virchow'schen „Zellularpathologie", ebenso wie es später das entscheidende Instrument bei der Aufklärung mikrobieller Infektionskrankheiten werden sollte. Von Virchow gingen zugleich auch starke Impulse aus, mit Hilfe chemischer Methoden physiologische und pathologische Lebensprozesse zu erforschen, Ursprünge einer Histochemie werden sichtbar.
Was die speziellen Ausführungen von Virchow zu bestimmten Krankheiten des Blutes, der Blutgefäße, zur „Säuferdyskrasie" anbelangt, die in beiden Vorträgen das eigentliche medizinische Substrat bilden, so sind sie vor allem von medizingeschichtlichem Interesse. Sie gründen sich auf umfängliche Kenntnisse des zeitgenössischen medizinischen Wissens, für den vierundzwanzigjährigen, den jungen Arzt, ein Beleg seines wissenschaftlichen Interesses, und sie zeugen zugleich von bereits beachtlichen eigenen Erfahrungen aus seiner Forschungstätigkeit. Aus heutiger Sicht ist vieles überholt bzw. in neuen Erkenntnissen aufgegangen, wobei man den Wandel der medizinischen Terminologie zu beachten hat. Virchow versucht bei der Beschreibung verschiedener Krankheitsbilder, die sich primär oder sekundär in Veränderungen des Blutes widerspiegeln, gewisse Gemeinsamkeiten im pathophysiologischen Mechanismus dieser Störungen aufzuzeigen und nach kausalen Zusammenhängen zu suchen. Veränderungen der Blutsenkungsgeschwindigkeit, der Gerinnbarkeit, der Leukozytenzahl, der Erythrozytenzahl und andere objektive Parameter werden verglichen und bewertet. Recht anschaulich wird z. B. das osmotische Verhalten der Erythrozyten beschrieben: „Die Blutkügelchen sind Zellen von der allergrößten Volubilität; ihre Wandungen sind ebenso zart, als ihr Inhalt beweglich. Jede Veränderung des Fluidums, in dem sie sich befinden, verändert ihre Beschaffenheit nach den physikalischen Gesetzen der Endosmose und Exosmose. Je wäßriger das

Fluidum, um so mehr blähen sie sich auf, bis sie endlich zergehen; je concentrirter, namentlich je reicher an Salzen, um so mehr schrumpfen sie ein; ihre glatte Oberfläche wird höckrig und eckig, ihre Beweglichkeit verliert sich."[21]

Das Ineinandergreifen verschiedener chemischer und morphologischer Prozesse, die zeitliche und ursächliche Verknüpfung von einzelnen Erscheinungen in einem komplexen Krankheitsbild wird von Virchow zu analysieren und zu systematisieren versucht. Als Beispiel mögen seine Darstellungen zur Entwicklung einer Fettleber bei Alkoholikern dienen: „Das Fett, insofern es nicht abgelagert oder zur Zellumbildung verwendet wird, findet seine Vernichtung in den Lungen" — die seinerzeit noch als ein hauptsächliches Stoffwechselorgan angesehen wurden — „oder seine Ausscheidung in der Leber. Werden nun andere karbonreiche, zur Oxydation vorzugsweise geeignete Reduktionsmittel in den Körper gebracht, so bleibt das Fett zurück und häuft sich theils im Blut, theils in einzelnen Organen an. Solche Substanzen sind *aber* vor allem Vegetabilien aus der Stärkereihe und geistige Getränke. Säufer verhalten sich wie Mastgänse".[22]

Hier wie in den weiteren Ausführungen wird der Zusammenhang zwischen Kohlehydrat- und Fettstoffwechsel bei Adipositas und Alkoholismus deutlich beschrieben. Die diesen Bemerkungen folgenden Passagen in seiner Mai-Rede lassen allerdings erkennen, daß Virchow bei der Darstellung der Pathologie der Säuferdyskrasie die verschiedenen Erscheinungen und Beobachtungen mit einer gewissen Willkür in Verbindung zu bringen und zu deuten versucht. Hier und an anderen Stellen deuten sich ein ausgesprochenes Streben nach Systematisieren, die Suche nach ordnenden Prinzipien bei komplexen Sachverhalten an, Arbeits- und Denkweisen, die Grundlagen für Abstraktion und Theorienbildung in der Wissenschaft darstellen.

Es muß schon als erstaunlich betrachtet werden, mit welcher Selbstsicherheit, mit welcher Überzeugtheit von sich, von seinen Ergebnissen und Meinungen der junge Virchow als Avantgardist einer neuen, einer naturwissenschaftlichen Medizin vor das „gelahrte" Auditorium tritt und seine — gewiß in manchen Aspekten anfechtbaren — Darlegungen vorträgt. Hier kündigt sich ein Großer der Medizin, der Wissenschaft an. Ebenso erstaunlich ist es, wie in diesen beiden Vorträgen alle jene Keime schon enthalten sind, die das spätere Werk Virchows kennzeichnen, darunter eben seine bekannte „Zellularpathologie". Gewiß, am Horizont gab es in den Jahren davor bereits Zeichen für einen Umbruch des Ideengebäudes der Medizin. Es bedurfte aber des analytischen wie integrativen Verstandes eines Virchow, diese Zeichen zu erkennen und sie in ihrem Gehalt geistig zu erschließen. Auf ihn personifiziert trifft das zu, was Friedrich Engels in seinem Anti-Dühring in allgemeiner Form ausdrückt: „Dabei kommen oft genug Entdeckungen vor, wie die der Zelle, die uns zwingen, alle bisher festgestellten endgültigen Wahrheiten letzter Instanz auf dem Gebiet der Biologie einer totalen Revision zu unterwerfen und ganze Haufen davon ein für allemal zu beseitigen."[23]

Ein solches Werk vollzog Virchow. Konzeptionelle Ansätze finden wir dafür bereits hier in seinem ersten Auftreten; Originalität, Kreativität, Entschiedenheit im wissenschaftlichen Arbeiten, Festigkeit, Unbeirrtheit, Streitbarkeit seines Charakters werden in diesen frühen Festreden lebendig. Sie sind aufschlußreiche Zeugnisse der Medizin- und Geistesgeschichte.

1 Rudolf Virchow, Die Cellular-Pathologie in ihrer Begründung auf physiologische und pathologische Gewebelehre, Berlin 1858

2 Rudolf Virchow, Erinnerung an den Generalstabsarzt Görcke, den Stifter des Friedrich-Wilhelms-Instituts. — Das Bedürfniß und die Möglichkeit einer Medizin vom mechanischen Standpunkt, nachgewiesen an Beispielen. Die Therapie der Blutungen. Das entzündliche Blut. Die Säuferdyskrasie. Rede am 3. Mai 1845. Manuskript. Zentrales Archiv der Akademie der Wissenschaften der DDR, Nachlaß Virchow Nr. 2486, Faksimile im vorliegenden Band S. 15—36; Transkription S. 57—67

3 Rudolf Virchow, Briefe an seine Eltern, 1839 bis 1864. Hrsg. von Marie Rabl, 2. Aufl., Leipzig 1907, S. 92

4 a. a. O., S. 95/96

5 Erinnerung an die Stiftung vor 50 Jahren. — Die Nothwendigkeit einer Bearbeitung der Medizin vom mechanischen Standpunkt, erläutert durch das Beispiel der Venenentzündung. Rede am 2. August 1845. Manuskript. Zentrales Archiv, a. a. O., Faksimile im vorliegenden Band S. 36—56; Transkription S. 67—75. Zitat vgl. Transkription S. 68

6 Vorwort zu den Reden vom 3. Mai und 2. August 1845. Manuskript, a. a. O., Faksimile S. 15/16; Transkription S. 59

7 Friedrich Engels, Dialektik der Natur. In: Karl Marx/Friedrich Engels: Werke, Bd. 20, Berlin 1972, S. 467

8 Vgl. Transkription S. 59/60
9 Vgl. Transkription S. 60
10 Ebd.
11 Ebd.
12 Vgl. Transkription S. 68
13 Vgl. Friedrich Engels, a. a. O., S. 513
14 Vgl. Transkription S. 60
15 Vgl. Transkription S. 60/61
16 Vgl. Transkription S. 69
17 Vgl. Transkription S. 61
18 Vgl. Transkription S. 69
19 R. Virchow, Briefe . . . , a. a. O., S. 92
20 Vgl. Transkription S. 61
21 Ebd.
22 Vgl. Transkription S. 64
23 Friedrich Engels, Herrn Eugen Dührings Umwälzung der Wissenschaft („Anti-Dühring"). In: Karl Marx/Friedrich Engels: Werke, Bd. 20, Berlin 1972, S. 82

Rudolf Virchow

Zwei Reden 1845

Zwei Reden.

Vorwort.

Das medizinisch-chirurgische Friedrich-Wilhelms-Institut in Berlin beging in diesem Jahre die 95ste Jahresfeier des Geburtstages seines Stifters und die 50ste seines Bestehens. Die nachstehenden beiden Reden, an diesen Festtagen gehalten, hatten den Zweck, die Zielpunkte des heutigen, medicinischen Wissens in ihrer Bedeutung für die Praxis, welche immer der nächste Gegenstand der Bildung in einer militärärztlichen Anstalt sein muß, festzustellen. Es kam darauf an, zu zeigen, daß die praktische Medizin nie etwas anderes, als eine angewandte Naturwissenschaft sein darf, daß ihre Begründung auf die Anatomie u. Physiologie mehr als leere Phrasen, die Zurückführung ihrer Erfahrungen auf die Gesetze der Physik u. Chemie mehr als [illegible] sein können. Die Medizin, von dem einfachen, mechanischen Standpunkt aufgefaßt, ist in Preußen noch immer sehr anrüchig; es sind Berliner Zeitschriften, die das Wort Mikroskop nur mit einem Anführungszeichen schreiben, und den „chemischen Kopf" nur mit einem gewissen vornehmen Lächeln betrachten. Als das Fr. Wilh. Institut vor 50 Jahren mit dem [illegible] Zweck einer Vereinigung von Medizin u. Chirurgie ins Leben trat, fehlten solche selbstgefällige [illegible] nicht; nun sollten sie vermißt werden, wo es sich um die viel schwierigere Vereinigung von Medizin u. Naturwissenschaft handelt? Diejenigen, welche die Verirrungen der Naturwissenschaften in der Deutung pathologischer Erscheinungen hervorheben, vergessen, daß Mißgriffe nie fehlen können, wo man einem Fremden die Zer-

Schreck

schaft zu eigenem Zwecke gestatten. Der Praktiker muss selbst Naturkundiger sein, selbst die Erscheinungen des kranken Körpers naturwissenschaftlich deuten und die Wirkung der Heilmittel und anderer chemischer Agentien untersuchen können. Die Physik und Chemie, die Anatomie und Physiologie müssen ihm dienstbar sein; sie müssen für ihn arbeiten, aber er selbst muss ihnen Fragen stellen und die Gründlichkeit ihrer Antworten beurtheilen können. Von diesem Gesichtspunkte aus ist in der heutigen Rede der Versuch gemacht worden, einige Punkte der Pathologie und Therapie nach eigenen Untersuchungen zu deuten.

I. Am 3. Mai 1845.

Erinnerung an den Generalstabsarzt Görcke, den Stifter des F. W. Instituts. – Das Bedürfniss und die Möglichkeit einer Medizin vom mechanischen Standpunkte, nachgewiesen an Beispielen. Die Theorie der Blutungen. Das entzündliche Blut. Die Tuberkulose.

Wenn ein dankbares Geschlecht den Gedächtnisstag eines Verstorbenen begeht, so findet es nicht allein Worte der Trauer, der Dankbarkeit oder der Ehrfurcht, die man ihm zu zollen verlangt, sondern vor Allem eine ernste Rechenschaftslegung, wie es mit dem Nachlass des Verstorbenen hausgehalten habe. Die [illegible] schaft großer Männer sind aber weniger materielle Güter, als entwicklungsfähige Ideen. Görcke's Vermächtniss ist die Idee, wissenschaftliche Militärärzte zu bilden. Sein nächster Zweck, die Wiederherstellung einer einigen und untheilbaren Medizin, ist fast erfüllt, ist aber die Erfüllung des nächsten Zwecks zugleich die Erfüllung der sich weiter entwickelnden Idee? Die Medizin will nicht bloss eine einzige Wissenschaft, sie will Naturwissenschaft und zwar die höchste und schönste Naturwissenschaft sein. Lange vorgestellte Gedanken aus den Philosophenschulen des Alterthums sind

sind in ihr wieder wach geworden? Soll nicht der Arzt wieder ein naturkundiger Philosoph sein? Entdeckung folgt auf Entdeckung, jeder Tag häuft neues Material zu dem schon riesenhaft angesammelten Stoff. Wie soll der praktische Arzt die Verbindung mit der Wissenschaft unterhalten? wie soll er neue Brücken schlagen von der Physiologie, der organischen Chemie u. Physik zu dem allein fruchtbaren Gebiete der Praxis? Ein neues Schisma droht uns, u. selbst die medizinische Litteratur, so gewaltig sie auch mit Repertorien u. Jahresberichten, mit Journal-Auszügen u. Bibliotheken des Auslands einherschreitet, hat die Vermittlung nicht zu schaffen vermocht. Muße, Mittel u. Gelegenheit, die drei einzigen Bedingungen, in einer Zeit so rapider Entwicklung sich im Strome zu erhalten, sind dem Einzelnen nur von Fortuna selten vergönnt; meist ihm, wenn sie ihm geboten werden, von der praktische Zweck abgefordert.

Ist das nicht die entsprechende Entwicklung der ursprünglichen Griechischen Idee? Und ist nicht das Bedürfniß nach einer Einigung der wissenschaftlichen Erfahrungen mit den praktischen Erfolgen fühlbarer als je? Es ist gleichzeitig der Kampf gegen den Unglauben, den Aberglauben u. den Unterglauben zu führen. Vor 60. Jahren sagte der Graf von Provence, nachmals Ludwig XVIII. genannt, zu seinem Leibarzt Lieutaud: In diesem Jahrhundert der fast allgemeinen Ungläubigkeit seinen Verwandten hatte er das Kunststück an sich, an die Arzneikunst zu glauben. Heut zu Tage sehen wir das merkwürdige Bild vor uns, wie dieselben Leute, deren Unglaube an die Medizin eingestanden ist, mit aller Gewalt die Mittel einer fortschreitenden Kenntniß abwehren. Aus

diesen

dieser Sachen wurde die Welt gelehrt, u. die pathologische Anatomie sei eine Verirrung der Zeit u. die pathologische Chemie eine Windbeutelei; der chemische Kopf wolle herrschen in der Medizin; — kurz, man redete, als ob diese Richtungen Souveräne sein wollten, als ob sie etwas anderes verlangten, als Schutz u. Geltung! Weniger groß, aber um so bedeutungsvoller durch ihren Einfluß auf leicht bewegliche Volksmassen ist die [illegible]schaften des Aberglaubens. Homöopathie u. Hydropathie, Magnetismus u. Spiritismus — Gespenster des Mittelalters — erheben ungestraft ihr Haupt, u. das Licht der Wissenschaft ist noch nicht klar genug, um sie [illegible] verscheuchen zu können. Und doch sind das noch nicht die schlimmsten Widersacher unserer frischen u. lebensvollen Wissenschaft. Das ist vielmehr die Schaar der Halbgebildeten in Theorie u. Praxis, denen eine Autorität über Alles geht, u. die auf den Wegen wandeln, der einerseits zu Parasiten u. [illegible], andererseits zu [illegible] u. [illegible] führt. Jede neu [illegible] Thatsache wird in deren Händen zum flammenden Schwert, das hin u. her [illegible] geschwungen, u. alsbald wieder zur Seite geworfen wird, sobald neue Thatsachen da sind.

Die neuere Medizin [illegible] ihre Anschauungsweise als die mechanische, ihr Ziel als die Feststellung einer Physik der Organismen. Sie weist nach, daß Leben nur ein Ausdruck für eine Reihe von Erscheinungen ist, deren jede einzelne nach den gewöhnlichen physikalischen u. chemischen (d. h. mechanischen) Gesetzen vor sich geht. Sie leugnet die Existenz einer autokratischen Lebens- u. Naturheilkraft, wie denn der Naturkundige mit dem Namen der Kräfte überhaupt nur der Bequemlichkeit wegen das Gesetz belegt, nach welchem die Eigenschaften der Körper in ihren Beziehungen zu

einander

erkannte sich manifestiren. Kraft ist hier immer nur die Resultante und der Eigenschaften gewisser Körper, ein Begriff, aber kein reales Ding. Die Erkenntniss des Gesetzes genügt auch vollkommen; nach dem Grund des Gesetzes zu forschen, ist transcendentaler Vorwitz. Wenn man aber an die Stelle der Lebenskraft den an sich richtigen Begriff, Idee des Organismus als eines [illegible] Ganzen im Körper aufgestellt hat, so hat man dabei aber wieder übersehen, daß damit auch nur das Gesetz ausgedrückt werden darf, nach welchem unter gegebenen Bedingungen (Befruchtung, Wärme, Nahrung, Luft) aus einem bestimmten, schon gegebenen Ding (der Eizelle) etwas Bestimmtes werden muß. Den Begriff der Zelle hat man aber lange nicht scharf genug aufgefaßt. Die Zelle ist für

Atom

uns das organische ~~Molekül~~, weniger aber schon das complicirtere Molekül. Nachdem die Möglichkeit der generatio aequivoca durch die Entdeckung des Generationswechsels u. der Wanderungen der Entozoen vernichtet ist, so haben wir in der Zelle ein Gegebenes, dessen erstes Entstehen wir aller menschlichen Wissen liegt. Ihre Fähigkeit zu Stoffaufnahme hat nichts Wunderbares an sich, denn wenn die äußeren Bedingungen aber so günstig für chemische Molecüle, so würde sie gleichfalls gleichartiges Material um sich sammeln; es kommt nur auf [illegible] Primitivzellen an. Das Wunderbare liegt aber in der Bildung dieser Primitivzellen, der Eizellen, innerhalb des mütterlichen Organismus, der endogenen Zellenzeugung. Sie ist ein einziges Gesetz [illegible], innerliche Bewegung in diesen Geschöpfen u. Ursprung der Zellen.

Jede Zelle aber hat in sich gewisse Eigenschaften, die nach Form, Richtung, Ort u.s.w. differenz sind u. unter günstigen Bedingungen aktiv auftreten; die Summe dieser Erscheinungen nennen wir Leben. Leben ist seinem Wesen nach Zellenthätigkeit, u

an

von einem Theile der Atmosphäre, die Erde oder die Stücke zu werden, ist ein begrifflicher oder poetischer Irrthum. Das Leben höherer Organisationen, insbesondere des Menschen, ist nach der Entwicklung der Zellen zu Organen u. Organsystemen hauptsächlich durch die 3. Factoren Blut, Nerven u. Organmasse bedingt, deren Integrität über gewisse Breitengrade hinaus nicht gestört sein darf.

Gestatten Sie mir zu unserer Betrachtung einen dieser Factoren, das Blut, [illegible], heute ich an der Hand der medicinischen Wissenschaft u. ihrer Anwendung auf Pathologie zu zeigen, [illegible], daß die Forschung über Krankheit u. Heilung [illegible] einen dreifachen Weg gehen muß. Der erste ist der der Klinik: die Untersuchung des Kranken mit allen Hilfsmitteln der Physik u. Chemie unter oberster Leitung der Physiologie u. Anatomie. Der zweite ist der des Experiments: die Erzeugung der Krankheit und die Erforschung der Wirkung eines Arzneimittels am Thier. Der dritte endlich ist der der Pathologie: das Studium des Leichnams u. seiner einzelnen Theile mit dem Skalpell, dem Mikroskop u. dem Reagens.

Das Blut ist ein flüssiges Gewebe, wie die festen Gewebe z. B. die Epithelialbildungen aus [illegible] die Entstehung [struck-out word] Zwischensubstanz, welches seine Zellen [illegible] verschwinden. Diese Zwischensubstanz, Plasma genannt, enthält Salze, Eiweißstoffe u. Fettverbindungen, deren Lebensprozess man als Zusammensetzungen des [illegible]. Letztere [illegible] aus Sauerstoff (Kohlenstoff- u. Wasserstoff) oder mit Schwefel, Phosphor u. Salzen (Eisen u. [illegible]) [illegible]. Die körperlichen Theile des Blutes, die Blutkügelchen, sind einfache, kernlose, [illegible] [struck-out word] Zellen, gefüllt mit einer [illegible] Eiweißverbindung, [illegible] sind. Neben den [illegible] farblosen Zellen, den sog. Lymphkörperchen,

nicht

weiß man so wenig etwas Genaueres, als von den Extractivstoffen.

Indem ich zu einigen Beziehungen der körperlichen Theile des Blutes übergehe, erwähne ich nicht die Krankheiten, welche die Chemie gefunden hat, als sie ihren Organen entsprechen konnte, daß bei der Chlorose die Menge der Blutkörperchen um mehr als $\frac{2}{3}$ abnimmt, kein Lebensgebrauch oder die lebensfähigen Theile des Blutes, die Körperchen, sich schnell mehren; gedenke auch nicht näher der chemischen Blutkunde, deren Kenntniß erst mit dem Aufbau der pathologischen Anatomie gewonnen ist. Die innerlichen Mittel, welche man bei Blutungen anwendet, sind bekanntlich außer den adstringirenden und erweichenden Vegetabilien hauptsächlich Mineralsäuren und Salze. Die Mineralsäuren kennt man im Blute gewiß nicht als Salze, namentlich Natronsalze an, obwohl man längere Zeit gemeint, sie entwickelten als Säuren im Körper – ein Fehler, auf die hin man Salpetersäure bei Morbus Brightii anwandte! Nun giebt man bei Haemoptoë, wo sie Noth thut, Kochsalz; man heilt Purpura haemorrhagica mit Bittersalz und man sucht bei der erblichen Bluterkrankheit Glaubersalz. Die neuere materia medica stimmt mit der alten darin überein, daß diese Salze das Blut verflüssigen. Sollte man da nicht eher eine Vermehrung der Blutungen erwarten? Der scheinbare Widerspruch hebt sich durch folgende Betrachtung: Es giebt kein so feines Filtrum, durch welches man die Blutkörperchen vom Plasma trennen könnte. Nimmt man kleine Körper z. B. Rinderblutkörperchen von Aderlaß, die Partikeln um das 10. und 20. fach kleiner sind, mit der größten Leichtigkeit auch den Filter passiren werden, sondern die mit größeren Blutkörperchen mit Noth. Versetzt man aber Blut mit einer gesättigten Salzlösung z. B. von Glaubersalz, so gelingt die Operation. Das Mikroskop zeigt den nächsten Grund dieses seltsamen Phänomens. Die Blutkörperchen

gehen

gelehrt sind Zellen von der allergrößten Elastici-
tät; ihre Wandungen sind ebenso zart, als ihr In-
halt [illegible]. Jede Veränderung der [illegible], in
der sie sich befinden, verändert ihre Gestalt [illegible]
nach den physikalischen Gesetzen der Endosmose und Exos-
mose. In wässrigen [illegible], [illegible] quel-
len sie sich auf, bis sie endlich zergehen; in concen-
trirten, namentlich in reinen [illegible] Salzen, [illegible]
schrumpfen sie ein; ihre glatte Oberfläche wird höcke-
rig und zackig, ihre Durchsichtigkeit vermindert sich. Die
die physikalische Eigenschaft der Elasticität, welche ihr
Durchgehen durch das Filtrum und durch die kleinsten Ge-
fäßverzweigungen bedingt; die Aufhebung dieser Eigen-
schaft durch Salzzusätze hält sie zurück. Ich habe ein-
mal mit Herrn [illegible] das Blut eines Kranken
untersucht, der an der [illegible] Blutvertheilung,
[illegible] rheumatica genannt hat, litt. [illegible]
[illegible] mir damals diese Untersuchungsweise [illegible]
in der [illegible] gekommen war, so ist mir die enorme [illegible]
[illegible] der Blutkörperchen, welche sich zu den [illegible]
[illegible] ausgezogen, [illegible]
[illegible] gegen diese Ansicht, die man von [illegible]
[illegible] annehmen müßte, widerlegen sich durch die An-
gaben von Burk u. Williams; die Begründung [illegible]
[illegible] ist namentlich die Untersuchung des [illegible]
Novellis von Alexandrien, [illegible]
[illegible] Begründung des [illegible] zu [illegible]
[illegible], zu seinen [illegible] bei
[illegible] bei dem Gebrauch [illegible] hat. *)

*) Die neue Ansicht über diesen Gegenstand, welche ich
aufzustellen wagte, ist [illegible] durch die [illegible]
[illegible] der alten; sie ist nicht [illegible],
allein der Beweis ist vorläufig [illegible],
[illegible], von den [illegible] Erscheinungen aus-
[illegible] auf bekannte Gesetze zurückführt. Die
[illegible] Salze [illegible] in Zuständen, wo die [illegible]
[illegible], ihre [illegible], die [illegible]
[illegible]. Indem ich statt dieser [illegible]
[illegible] substituire, [illegible]
[illegible], daß der Zusatz von Salzen dieser [illegible]

Weit mehr als die Blutkügelchen hat aber später der Faserstoff, namentlich die Speckhautbildung, die Aufmerksamkeit der Aerzte auf sich gezogen. Unsere Kenntniss von der physiologischen Bedeutung des Faserstoffs ist aber noch immer höchst lückenhaft. Der alten Ansicht gegenüber, dass der Faserstoff das eigentliche Lebenselement, die Quelle aller organischen Bildung sei, hat Zimmermann mit manchen guten Gründen denselben als den excrementitiellen Bestandtheil des Blutes darstellen wollen. Mulder u. Scherer haben uns gelehrt, dass das, was wir als Faserstoff aufzufassen pflegen, sehr verschiedene chemische Constitution hat; daraus

---

[illegible] u. dass alle diese Schwankungen einen wichtigen physikalischen Grund haben. Man hat, wie den Skorbut als den Typus, ich möchte sagen, als den imaginären Centrum aller hämorrhagischen Krankheiten aufgefasst, den Gedanken von einer Blutzersetzung, von mangelnder Gerinnbarkeit, zu einer [illegible] Geltung auf alle übrigen hämorrhagischen Zustände übertragen. [illegible] doch der Skorbut zu allen Zeiten das Bollwerk der Humoralpathologie gewesen! Aber man hat vergessen, dass nach der berühmten Weltumsegelung Cook's gerade dies Bollwerk der Angriffspunkt für die englischen Solidarpathologen geworden war. Aus neuerer [illegible] hat der Mangel des Faserstoffs, die Kritik der Zersetzung im skorbutischen Blut nachweisen können; Busk hat später in 3. Fällen eines [illegible] Typhus bei einem [illegible] Vermehrung des Fibrins gefunden, u. ich untersuchte vor einiger Zeit die Leiche eines Skorbutischen, dessen Gefässsystem voll langer u. fester Gerinnsel, dessen grössere Höhlen voll fibrinhaltiger Exsudate waren. Wird man daran, dass Polli ein Blut beobachtet hat, dessen Gerinnung erst am 7ten Tage begann u. bis zum 15ten fortdauerte, so wird man zugestehen müssen, dass die ganze Lehre von den hämorrhagischen u. skorbutischen Krankheitsprocessen einer neuen Bearbeitung bedarf. Hier genügte es, für die hämorrhagischen Schwankungen einen allgemeinen Gesichtspunkt aufzustellen, unter den sich die Prozesse zusammenfassen lassen.

daß sich schon der Faserstoff des venösen Blutes an der erkalteten durch seine Löslichkeit in Salpeterwasser unterscheidet, was ich nach eigener Untersuchung auch für das menschliche Blut bestätigen kann. Wir wissen ferner, daß Eiweiß, Faserstoff u. Käsestoff nur verschiedene Verbindungen eines einzigen organischen Radicals, des Proteïns, sind, die sich durch chemische Operationen in einander überführen lassen. Bei dem Mangel u. der immensen Schwierigkeit genauer quantitativer Elementaruntersuchungen, ferner bei dem wandelbaren Beispiel mancher Oxyproteïnsäure kann man nicht vorläufig die durch spontane Gerinnbarkeit charakterisirten, in geronnenem Zustand morphologisch gleichen Körper, die wir Faserstoff zu nennen gewohnt sind, noch als eine Einheit auffassen. Die Vermehrung des Faserstoffs hat man bekanntlich als Zeugniß – Eigenschaft des entzündlichen Blutes aufgestellt u. in die engste Verbindung damit das Schwinden der Speckhaut gebracht. Man mußte indessen bald einsehen, daß die letztere auch bei Anämie u. Schwangerschaft vorkam, allein ob man den Chirurgen verbieten, die Wichtigkeit derselben von der Entzündung als solcher bestimmt auszusprechen. Namentlich Delafond u. Alfort die Regelmäßigkeit der Crusta bei Pferden festgestellt, [illegible] und ... Beobachtungen der Pferde, daß sie dieselbe bei Thieren selbst im Zustande der vollkommensten, wo ihre fettig gewordene Gesundheit sei.

Die Bildung der Speckhaut ist abhängig von der Gerinnung des Faserstoffs u. der Senkung der Blutkörperchen. Haben letztere Zeit, sich vor der Zusammenziehung des Fibrins bis zu einer gewissen Tiefe zu senken, so entsteht eine an Blutkörperchen freie Schicht auf der Oberfläche des Kuchens. Abgesehen nun von den äußeren Verhältnissen des Aderlasses u. von der oft langsamen Gerinnung des Faserstoffs, ist die schnellere oder langsamere Senkung der Blutkörperchen abhängig von

ihrer

ihrer Kraft, von ihrem Gewicht im Verhältniß zu dem Plasma, und von ihrer Form, indessen sie nur so lange, als sie rund und glatt sind, die Eigenschaft besitzen, sich mit ihren Flächen zu langen Rollen aneinander zu legen. Diese Bedingungen sind vereinigt in einem Blut, wo eine Verminderung der Blutkörperchen mit einer Vermehrung des Wassergehaltes bei nicht zu geringen Faserstoff-Mengen coincidirt; wir finden sie in nicht seltenen Fällen der Chlorose, in den späteren Monaten der Schwangerschaft, in Entzündungen aufgeschwemmter Constitution, und wir bringen sie willkürlich durch wiederholte Aderlässe hervor. Die Speckhaut ist mithin weder ein Zeichen der Entzündung als solcher, noch ein Beweis der absoluten Vermehrung des Faserstoffgehaltes im Blute.

Die Entzündung ist in den letzten Jahrzehnten mehr ontologisch begriffen als ein Zustand, als ein primäres Blutleiden aufgefaßt worden. Die Chirurgie, von der Anschauung der einfachen traumatischen Entzündung ausgehend, hat diese Vorstellung nie in sich aufnehmen können. Freilich scheinen Blutkrasen zu kommen, die im Bereich des Gefäßsystems selbst entzündungsartige Vorgänge hervorrufen, allein die Entzündung als solche ist nur ein örtlicher Prozeß, dessen Bedingungen leider nicht so klar sind, wie seine Erscheinungen. Auf einen örtlichen Reiz tritt, nach vorgängiger Zusammenziehung eine Erweiterung der Capillaren ein, in denen das Blut anfangs langsamer fließt, endlich stockt und Serum, Plasma oder selbst ganze Flüssigkeit als Exsudat in das Parenchym oder die Höhlen der Organe ergießt. Nun ist aber nicht von vorn herein eine chirurgische Krankheit, denn wie soll jemand, der z. B. durch den Hufschlag eines Pferdes gegen den Unterleib in eine Peritonitis verfällt, plötzlich ein entzündliches Blut bekommen? Erst die Blutstase und das Exsudat machen die Krase.

Vir

ist das entzündete Organ unfähig zur Aufnahme
grösserer Exsudatmassen, so wird auch die zunächst
entstehende Blutalteration nicht bedeutend sein.
Wolff sah nach Lauer's Zeugniss auch bei den heftig-
sten Hirnentzündungen nie eine Speckhaut. Bedeutend
aber sind es namentlich die so schnell grosse Exsud-
ate setzenden Entzündungen der Pleura, bei denen die
Speckhaut (crusta pleuritica) am grössten ist. Diese
Exsudate bestehen aber hauptsächlich aus Wasser, in dem
Eiweiss, Faserstoff und Salze gelöst sind; meist tritt
zugleich ein Theil der Blutkörperchen mit aus, während
ein anderer in den erweiterten Gefässen stockt. Die
nächste Folge ist nun eine bedeutende Verminderung
des Wassers im Blute, eine mässige der festen Bestand-
theile, also eine relative Vermehrung der letztern. Das
ist das gewöhnliche Ergebniss der ersten, frühzeitigen
Venäsection. Das Wasser wird aber schnell wieder
ersetzt, denn die wässrigen, kühlenden Getränke bieten
viel und ihre Excretionen sind sparsam; die Blutkör-
perchen, deren Bildung aber so langsam, als ihr Ver-
gehen während zu sein scheint, und deren Zahl durch den
ersten Aderlass noch nicht gesunken ist, bleiben ver-
mindert, während auch eine nicht unbedeutende Menge
des Faserstoffs sich bald regenerirt, ja über die
Norm steigt. Das Resultat dieser Vorgänge ist eine
Vermehrung des Wassers und Fibrins bei gleichzeitiger
Verminderung der Blutkörperchen – das gewöhnliche
entzündliche, speckhäutige Blut der spätern Aderlässe.
Während demnach Rokitansky und Engel gewiss Recht ha-
ben, dass ein grosser Theil der Exsudate, namentlich die
sporadisch gewordenen, aus der Blutkrase entspringen,
aber auch ihrerseits secundäre Krasen hervorrufen, so
müssten wir bei der Ansicht stehen bleiben, dass selbst
sogenannte primäre Blutkrasen durch das Exsudat bedingt
sein können. Die Disposition zu Exsudaten liegt weni-
ger in dem Blute, als in den Organen. Wir wollten nun

den

dann auch erklären, daß eine Entzündung bei hypo- [illegible] Blutbeschaffenheit Entzündung hervorrufe? Daß aber dieses Gesetz von der Bedeutung der Geschwülste nur seine Anwendung findet, beweisen die Erfahrungen, in denen das Blut bei steigender Ausscheidung an festen Bestandtheilen reicher wird. Doch man hat bei Hydropischen Entzündungen seröser Häute mit gerinnbarem Exsudat, während ihr Blut eine Speckhaut bildete. Ich habe das Blut eines Kranken untersucht, der an [illegible] litt; es bildete einen großen, festen Kuchen mit dicker Speckhaut, u. zeigte die ungeheure Vermehrung der festen Bestandtheile bis auf $\frac{1}{3}$ des ganzen Blutes. Entzündungen werden aber, wie Geschwülste, die das ganze Blut ergreifen. Die Untersuchungen von Lecanu, Magendie, Andral u. Gavarret, Nasse u. Simon beweisen das hinreichend. Demnach ist der neuerdings gestellte Lehrsatz Skoda's, daß [illegible] zum Ausbruch in [illegible] nur [illegible] u. [illegible] zu betrachten, kein theoretischer Widerspruch, wie einige gemeint haben; die Bildung einer Speckhaut ist in keiner Weise eine Aufforderung zu einer neuen Blutentziehung. Die Versuche von Polli u. Castiglioni sind hierfür beweisend. +)

+) Die hier entwickelte Ansicht von dem entzündlichen Blut war so lange unmöglich, als man die Geschwulst als den Ausgang einer Entzündung betrachtete. Geschwulst gehört aber durchaus zu dem Wesen der Entzündung; Entzündung ohne Geschwulst existirt nicht, und es ist ein [illegible] Irrthum gewesen, von den Ausgängen einer Entzündung in Geschwülste zu reden. Dieser Irrthum ist leicht begreiflich in einer Zeit, wo man das Mikroskop noch nicht kannte, wo man also primäre u. metamorphosirte Geschwulst noch nicht unterscheiden konnte. Eiterung kann der Ausgang der Entzündung sein, denn es gibt keine eitrigen Geschwülste, sondern nur Geschwülste mit einer Neigung zur Umbildung in Eiter. Alle Geschwülste sind von vornherein [illegible], u. erst nach kürzerer oder längerer

Zeit

Der letzte Punkt, den ich berühre, sind die Zellen des Blutes. Die Zellen scheinen im Allgemeinen einem dreifachen Zwecke im Organismus zu dienen, wie man aus ihrer Beziehung für die Schwere des Blutes u. die Lebendigkeit der Gewebe ableiten kann. Sie sind eine Hauptquelle der chemischen Kräfte, welche sie als [illegible] Blutumwandler im Körper zu [illegible], u. als vorzüglich

Zeit begegnet in ihrer Zellenentwicklung der verschiedenen Art. — Der Gedanke, daß das [illegible] der Differenz zwischen normalem u. entzündlichem Blut sei, das letztere also durch das [illegible] des [illegible] aus dem normalen Blut entstehe, gehört Henle (Zeitschr. für rat. Medizin. II. p. 118.). Wunderlich (Path. Physiol. des Blutes p. 104.), indem er diese Ansicht bestreitet, stellt bei dem allerdings richtigen Hinweise fest, daß die Zunahme des Faserstoffs sich dadurch allein nicht erklären läßt. [illegible] nehmen wird sich überzeugt [illegible] genügend [illegible], wenn wir einmal Bestimmtes über die Bildung des Faserstoffs überhaupt wissen werden. Henle hat aber einen andern, viel größeren Fehler begangen, indem er gegen die gewöhnliche Ansicht eine Verminderung des Faserstoffs im entzündlichen Blute nach den späteren Aderlässen nachweisen wollte. Er nimmt Blutanalysen von Lecanu, Andral u. Gavarret, Simon, zieht die Blutkörperchen-Fibrin von der [illegible] ab, u. indem er den [illegible] Rest als Plasma (Wasser, Faserstoff etc.) für 1000 Th. [illegible]. Zunächst muß man aber berücksichtigen, daß sich Simon's Angaben nur auf das [illegible] d. h. die festen Bestandtheile der Blutkörperchen beziehen, während die von Andral u. Gavarret auch auf einer vollständig unsicheren Berechnung beruhen. [illegible] aber die Blutkörperchen [illegible] einen sehr bedeutenden Wassergehalt haben, so wäre dies in einem solchen Fall nicht zu übersehen gewesen. Allein selbst die Art der Berechnung zugegeben, so sieht man doch, daß das Verhältniß ein ganz anderes ist, wenn man die ganze Blutmasse in Anrechnung zieht. Oder sollte Henle annehmen, daß in der Entzündung eine absolute Abnahme des Blutes im Körper stattfinde? Weisses Blut bei Metro-phlebitis

Respirationsmittel durch ihre Verbrennung in der Lungen fort und fort neu erzeugen. Sie sind ferner, wie nach Lehmanns Untersuchungen bei der Milchgährung, so bei der Verdauung, beim Stoffumsatz und bei der Zellenbildung durchaus nöthig, und kommen daher nicht bloss stets mit den eiweissartigen Proteinkörpern zusammen vor, sondern finden sich auch in grosser Menge im [illegible]. Sie bilden ~~[illegible]~~ wesentlich einen wesentlichen Bestandtheil in der Zusammensetzung der Nervensubstanz, vorzüglich des Gehirns. Die Fette sind, wie die Proteinkörper, durch die ganze organische Schöpfung verbreitet; nur ein Fett ist für den Thierkörper charakteristisch, ist ein ihm eigenthümliches Erzeugniss – das Gallenfett oder Cholestearin. Die Centralorgane des Nervensystems sind seine Lagerstätten; das Blut führt kleine Quantitäten davon, die in der Galle ausgeschieden werden. Leider ist es noch wenig gekannt, als dass Chemie und Medizin es gleichmässig [illegible] haben.

Das Fett, insofern es nicht abgelagert oder zur Zellenbildung verwendet wird, findet seine Vernichtung in den Lungen oder seine Ausscheidung in der Leber. Werden nun aber mehr Kohlenwasserstoffe, zur Oxydation vorzugsweise geeignete Respirationsmittel in den Körper gebracht, so bleibt das Fett zurück und häuft sich theils im Blut, theils in einzelnen Organen an. Solche Fettsucht-

---

plethoricis 42,08 (Zimmermann) Blutkörperchen fand, so werden 24. Pfd Blut (als die ganze im Körper vorhandene Menge) etwa 1 Pfd. mehr enthalten; es bleiben also hiernach 23. Pfd Plasma. Das Plasma nach Becquerel's Berechnung hat 873 p.M. Wasser, also 23. Pfd etwa 20 Pfd. Wasser. Kommen beim Blut 109,231 p.M. Blutkörperchen, also 24. Pfd 2,6. Pfd., es bleiben 21,4 Pfd. Plasma; das Plasma 892,8 p.M. Wasser, also 21,4 Pfd. etwa 19. Pfd. Wasser, was immer noch eine absolute Zunahme des Wassers im Antiplethorischen Blut um 1. Pfd giebt, eine kaum nennenswerthe Quantität, die für einer Zunahme des Blutwassers um 4 p.M. gleich ist. Spritzt man nun aber 1 Pfd. Wasser in die Venen, so würde das Blut 20. Pfd Wasser enthalten; Becquerel würde aber durch seine Rechnung beweisen können, dass der Wassergehalt des Blutes abgenommen hätte. Vergleicht man die Simon'sche Analyse von chlorotischem Blut (Med.-Chem. II. p. 207.), wo sich die grösste Zunahme des Wassers, nämlich 871,5 p.M. = 76,2 mehr als im normalen Blut vorfand, nach Becquerel, so erhält man nur 8 p.M. Wasser mehr, als er für das normale Blut angiebt.

gen sind ~~aus~~ vor allen Vegetabilien aus der Stärkemehl u geistige Getränke. Diese enthalten sich am Magengrund. Nun hat Persoz gezeigt, daß das Blut der letzteren reicher an Fett wird, während die Fettleibigen, namentlich das [illegible] ihre Eigenschaften entstehen, u die Leber, statt wachsend, sich mit Fett füllte. Aehnliches weiß man an den Säufern. Allein die Praktiker haben sich meist damit begnügt, als die für Säufer charakteristische Krankheit das Delirium tremens aufzustellen. Das Del. trem. ist keine Krankheit, sondern nur ein Symptom in einer Krankheit.

Alkohol, in den Körper eingebracht, wirkt nach 2 Richtungen. Als mächtiges Reizmittel giebt es für die peripherischen Ausbreitungen des vagus, scheinbar für die Centralorgane des Nervensystems bringt er bei anhaltendem Genuß eine chronische Reizung dieser Theile hervor, welche freilich nach der Art des Getränkes differirt, am entschiedensten aber bei dem Branntwein hervortritt. Alsbald gelangt nun der Alkohol in die Circulation, um in den Lungen verbrannt zu werden. Als ein sehr leicht umsetzbarer Stoff beeinträchtigt er hier die Oxydation u vielleicht die Imbibition der Blutkörperchen mit Sauerstoff. In Folge dessen häufen sich die Fette an, u die metabolische Verminderung der Blutkörperchen [illegible] auch die Fettleibigen das Blut wird gehindert, ja es scheint sogar in den schlimmsten Fällen zu einer theilweisen Auflösung der Blutkörperchen zu kommen. Daher ist das Blut der Säufer bei Sektionen, in denen Schichten eigenthümlich kirschroth gefärbt, die Gerinnsel sind meist schlecht gebildet, so daß sie oft nur locker aussehen; die Faserstoffgerinnsel, wo sie sich bilden, haben eine gesättigte Weinhefenfarbe. Meist gewinnt das Blut aber nur zu wenig, leicht zerreibbare, schmierige Klümpchen, zwischen denen man Tropfen von freiem Fett, das auch sonst an die Fettleibigen gebunden ist, schwimmen; ein wirklich [illegible] Genuß ist deutlich nachzuweisen

+ des mediastinum anticum

aufnehmen. — Das Fett lagert sich nun an einzelnen Stellen des Körpers, zunächst unter der Haut, in großen Massen ab. Es sind namentlich der panniculus adiposus, das Netz, die Nierenkapsel und die Platten des Mediastinums,+ und der seröse Überzug des Herzens, die sich damit füllen; ja, ich habe es sogar in Anhäufungen der Pleura gefunden. Ebenso regelmäßig strotzt das Fett in den Drüsenzellen der Leber, die allmählich bis zum Zerplatzen damit gefüllt werden können. Die Funktion dieser Zellen, die Absonderung der Galle, wird gestört, und es leidet daher die Digestion, die schon durch die Läsion der Nervencentren und des Vagus beeinträchtigt war. Welchen Einfluß die Retention des Fettes im Blut auf die Nervencentren selbst ausübt, deren Fettgehalt jedenfalls einen entsprechenden Zuwachs der in ihnen vorhandenen Fettmenge entgegensetzt, läßt sich noch nicht absehen; jedenfalls scheint der Ausbruch des Del. trem. gewöhnlich nicht durch die Blutveränderung für sich bedingt zu sein. Vielmehr treten die Erscheinungen des Säuferwahnsinns in den meisten Fällen nach einer plötzlichen Enthaltsamkeit von geistigen Getränken, oder nach der Einwirkung heftiger Reize, die entweder das Gehirn selbst, oder auch andere Körpertheile treffen, auf. Im ersten Falle fehlt plötzlich der gewohnte Reiz, welcher das Nervensystem vor den Angriffen des Blutes schützte; im zweiten wird das Gehirn durch irgend welche Ursache in einen Zustand der Reizbarkeit (Hyperaesthesia cerebralis) gesetzt. Bei diesem Zustande des Gehirns werden durch die Blutkrankheit d. Symptome hervorgerufen. Die einen der Ärzte, die Delirien, hat man lange genug auf eine Entzündung des Gehirns oder seiner Häute bezogen, oder mußte die Erscheinungen der Congestion mit denen auf dem Patienten gefunden; es ist aber die Blutveränderung, welche zum Theil von Erscheinungen hervorruft,

die

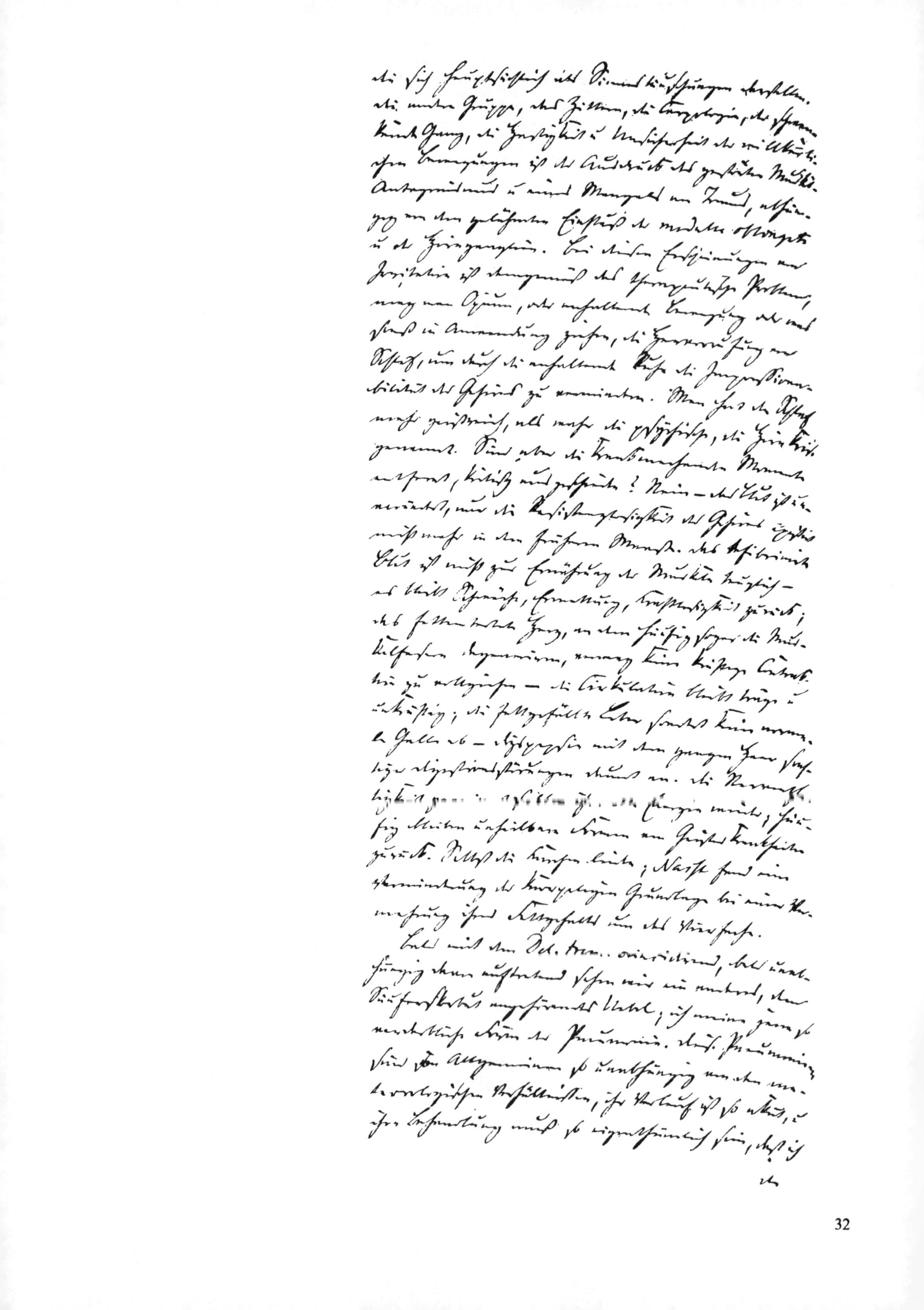

der Versuch nicht scheuen, zu ihrer Erklärung einige neuere Erfahrungen zu Hülfe zu nehmen. Gluge u. Thiernesse in Brüssel haben kürzlich durch eine Reihe von Versuchen die Erzeugung einer fettigen oder öligen Lungenentzündung nachgewiesen. Hunde, Ziegen u. Kaninchen, längere Zeit mit großen Dosen von Olivenöl u. Leberthran unter ihrer gewöhnlichen Nahrung gefüttert, zeigten nach ihrem Tode, der bald unter den Erscheinungen einer sehr gestörten Respiration erfolgte, ein schaumiges, schwärzliches, nur wenig geronnenes Blut, mit vielen Oeltropfen gemischt, u. namentlich im rechten Ventrikel, dessen Wandungen stark mit Oel imbibirt waren, angehäuft. Die Lungen waren stellenweise hepatisirt; das Gewebe enthielt außer den Entzündungskugeln zuweilen eine große Menge freien Fettes, u. die aus Einschnitten ausfließende Flüssigkeit war braunroth, mit Glanz ziehend, blutig-ölig. Der Umfang der Hepatisation entsprach der Menge des eingeführten Oels. Fettige Infiltration der Leber u. Nieren bestand daneben. — Wenn wir nun drastische Mittel enteritis, nun diuret. nephritis entstehen sehen, so wird es wohl nichts Auffallendes haben, daß bei einer fettigen Blutkrase die Lungen, in denen ~~der~~ die Zersetzung des Fettes u. die Ausscheidung der dadurch entstehenden Producte erfolgt, entzündet werden. Möglich, daß auch eine mechanische Stase des Blutes in den Gefäßen stattfindet. +)

+) Es war schon früher durch Experimente von Segalas u. Magendie bekannt, daß Oel, in die Venen eines Thieres gespritzt, den Tod durch Störung der Circulation in den Lungen herbeiführt, u. Magendie hatte schon bestimmt von einer öligen Pneumonie gesprochen. Die Versuche von Gluge u. Thiernesse scheinen mir aber gerade deshalb so entscheidend zu sein, weil die Mittel nicht mit einem mal auf einem gewaltsamen Wege mitten in die Blutmasse hineingeworfen wurde. Die Experimentatoren haben hauptsächlich mit Hunden d. h. mit Thieren, deren Nahrung der menschlichen am nächsten kommt; sie mußten dieselben mit Fett u. zwar längere Zeit hindurch, brauchten also wiederholten nicht fremde, sondern an sich unschädlichen sein dritter Zustand, der namentlich im Beginn der Krankheit häufig zu sein, aber nur unter den Zeichen heftiger Erscheinungen hervorzurufen scheint, bildet die akute [illegible] der Leber, die man gewöhnlich als Hepatitis zu diagnosticiren pflegt. Ähnlich der lobulären Pneumonie bei [illegible] findet man hier ziemlich umschriebene Stellen der Leber, sowohl in kleineren als größeren [illegible] mit einem gelben Stoff gefüllt.

Unabhängig von [illegible] zufällig, entwickelt sich die chronische [illegible], die Erscheinungen durch die wechselseitigen Einflüsse der leidenden Partien so complicirt werden, daß sie sich bis jetzt noch nicht übersehen lassen. Die hervorstechendsten Erscheinungen gehen in der Leber, im Blut und im Gehirn vor sich. Indem nämlich die Leberzellen sich immer mehr [illegible] und mit Fett füllen, und sich nach allen Seiten ausdehnen, [illegible] sie die Circulation des Blutes in den Capillaren mehr und mehr. (Muskatnußleber) [illegible] zuführenden Gefäßen der Pfortader und Lebervenen [illegible], deren Aufnahme in die Leberzellen mechanisch unmöglich ist, organisirt sich nun in der Interlobularsubstanz, und während die Capillaren allmählich obliterirt werden, bildet sich an der Nachbarschaft [illegible] um die interlobulären Läppchen. Aus dem combinirten Einfluß dieser beiden Elemente entsteht zuletzt eine kugelige Abschnürung der vergrößerten, fettgefüllten Läppchen, die sogenannte granulirte oder cirrhotische Leber. Oppolzer in Prag hat

---

leichte Nahrungsmittel allmählich und auf dem normalen Wege in die Circulation; endlich geben sie [illegible] unter der gewöhnlichen Nahrung, [illegible] Umständen einer mehrtägigen Ernährung. Dieser Gang der Untersuchung, diese Art der Darstellung scheinen mir zu den vollkommensten und überzeugendsten zu gehören, die wir [illegible]. Indem ich sie auf einen bestimmten Punkt der Pathologie anwandte, beging ich keinen Sprung, [illegible] allmähliche Zunahme des Fettes findet auch bei Versuchen statt; ich führte mich hier nur auf bekannte [illegible] Gesetze zurück.

als Ursache derselben stellt er übermäßigen Genuß geistiger Getränke voran; Bang in Kopenhagen ~~[illegible]~~ fand sie 7mal unter 8. bei Säufern. Aus einer Reihe eigener Untersuchungen führe ich nur den interessanten Fall einer ausgebildeten Cirrhose bei einem Mann von 27. Jahren an, der täglich mindestens ½ Quart Branntwein zu trinken gewohnt war.

Aus der Cirrhose resultieren nun zwei Reihen von Erscheinungen. Zuerst die Hemmung des Pfortaderblutes, deren Folgen wir aus Meyer's Versuchen an Thieren kennen: Hyperämie der Milz, des Magens u. Darmkanals mit ihren Folgen, unter denen Intestinalblutungen u. Wassersucht den höchsten Platz einnehmen. Dann Störung in der Ausscheidung der Galle aus dem Blut, wodurch nicht bloß eine gestörte Verdauung, sondern auch wegen Retention der Abzuscheidenden im Blute eine fehlerhafte Krase sich entwickelt. Unter andern Excretionsstoffen zeichnet sich besonders das Cholesterin aus. Ich habe in solchem Blute die Menge des Fettes, das zum größten Theil aus Cholesterin bestand, um das Doppelte des Normalen vermehrt gefunden. Wie früher für das Fett, so bilden sich jetzt für das Cholesterin Ablagerungsstätten. Ich habe freies Cholesterin, [illegible] Tafeln in allen von Cirrhose [illegible] Nierencysten u. in der Flüssigkeit mancher Hydrocelen, in den sogenannten Verknöcherungen u. Atheromen der Arterien, in Kröpfen u. [illegible] [illegible] vorgefunden. Scherer vermißte die [illegible] Beobachtung eines großen Cholesteringehalts in der Galle [illegible] bei gleichzeitigem Fehlen des Cholesterins in der Galle. — Unter die übrigen Veränderungen des Blutes möchten die weiteren Untersuchungen gerichtet werden; die ziemlich regelmäßig mit Cirrhose complicirte Bright'sche Nierenentartung scheint nicht auf eine constante Alteration hinzudeuten.

[illegible]

in Beziehung auf die Veränderungen der Geschwül-
ligkeit ... genügen, die Hypochondrie von Ma-
terie zu ersuchen, um und zu erinnern, daß wir
ein Unrecht ..., wenn ... nicht angebracht ... der
Spekulation ungerecht ... würde. Ihre großartigen
Resultate ... sich auf ... Gebiet, ...
... sich und ... zu entscheiden ...
..., noch kaum gewonnen. Allein Achtung u.
Einsicht der Anschauung, ... des Wissen-
schaft ... nicht die notwendigen Vorbedingungen für
ein vernünftiges, praktisches Handeln? Es ist an
der Zeit, der Krankheit auf jedem Schritt, jeder
ihrer Spur zu folgen; nach den Gesetzen u. nach den
Mitteln, wodurch sie realisiert wird, zu forschen.
Freilich ist das Ziel noch fern, aber schon jede Annähe-
rung an das Ziel ist ein fruchtbringender Gewinn.
Preußische Militärärzte aber, im Besitz der Bildungs-
mittel, welche das Fr. W. Institut u. die Charité
ihnen bieten, haben die Gelegenheit, also auch die
Verpflichtung zu solcher Forschung; jeder Beitrag
zu einem wissenschaftlichen Fortschritte der Krankheits-
lehre, jede Entdeckung eines gesetzmäßigen Zusammen-
hanges zwischen den Prinzipien der Physiologie,
Physik u. Chemie, u. den Problemen der Pathologie u.
Therapie ist ein Tribut, [illegible] Institut
dargebracht. —

II. Am 2. August 1845.

Erinnerung an die Stiftung vor 50 Jahren. — Die
Notwendigkeit einer Bearbeitung der Medizin vom
mechanischen Standpunkt, erläutert durch das Beispiel
der Venenentzündung.

In den letzten Dezennien des vorigen Jahrhunderts, je-
ner Zeit der Umwälzungen, welche überall den Geist
der Kritik u. der Naturanschauung aufschlossen, im
religiösen, politischen u. sozialen Leben, wie in der
Wissenschaft [illegible] bis zu seinen letzten erkenn-
baren

Gestalten verfolgte, und als der strengen Mahnung Kant's bedurfte, daß man nicht die Grenzen der menschlichen Erkenntniß für unendlich gesteckt halten sollte: damals begann auch die Emancipation der Naturwissenschaft und der Häupter der Aerzte, welche in wenig Jahrzehnten Früchte getragen hat, wie man sie sonst nur nach Jahrtausenden zu erwarten gewohnt war. Der erste deutsche Physiolog, Haller, war der letzte jener alten, Alles umfassenden Aerzte gewesen. Schon hatten Lavoisier u. Berthollet in Frankreich die Reihe der selbstständigen Forscher in der Naturwissenschaft eröffnet, die bald so blutig unterbrochen wurde, als Lavoisier's edles Haupt der Revolution zum Opfer fiel. In Deutschland geschahen die ersten Schritte von unerwarteter Seite her. Der der Schwärmerperiode zurückgekehrt, war es Göthe, der sich mit neuem Eifer den Naturstudien zuwandte, und es währte nur kurze Zeit, als man seit Aristoteles zum erstenmale wieder ein großartig durchdachtes System der Naturphilosophie erwachsen sah. Alexander von Humboldt begann damals seinen Triumphzug durch alle Sphären des menschlichen Wissens, und seine erste bedeutende Thätigkeit war das Studium der Einwirkung chemischer Agentien auf den lebenden Körper. Alle spätere Forschung findet hier ihren Ausgangspunkt.

Es war eine schöne Morgendämmerung, in der Göthe seine Richtung begründete. Und doch, welche Nebel mußten da wieder aufgestiegen sein, daß alles Licht, welches bald der große Begründer ausgestreut, nicht durchbrechen konnte! Jahr auf Jahr verging, mancher Wechsel der medicinischen Systeme brachte die ärztliche Welt, allein unsere Anstalt hat nie aufgehört, ruhig ihre praktische Richtung zu verfolgen. Beachten Sie den Annahmen ... und

und den Träumen Mesmer's ihr Opfer gebracht,
hat sich die Spekulation der naturphilosophischen,
naturhistorischen u. christlich-mystischen Schulen
sich vorübergehen sehen. Ihre Zöglinge bekämpften
mit schwachen Waffen u. mit glücklichem, wenn auch
später vergessenem ~~[illegible]~~ Erfolge das bizarre
Spiel der Homöopathie, u. die Versuche des Mesmerismus ei-
ner wissenschaftlichen Begründung der Arzneiheil-
kunst, um wenigstens die Hoffnung auf eine richti-
ge Entwicklung derselben in ihnen zu erhalten.

Die Zeit hat jetzt neue, u. wie es scheint, ernst-
re Aufgaben gebracht; alles drängt zu neuem Tage.
Die Medizin von 1795. existirt nicht mehr, es sei
denn bei einem gewissen Theil heilkünstlerischer
Laien, von denen es gibt, wie Berthold Auerbach
von dem Schwarzwälder Chirurgus erzählt: "der
Schäfer fühlte sich auf das von Träumen verordne-
te Mittel zufällig etwas besser, u. nun spricht dieser
oft davon, daß er eigentlich ein besserer Doktor sei,
als der Physikus, daß aber das Gesetz ihm die Ausübung
verbiete. Er hält dann auf die Frauen, die ihm mei-
nen, nur einer, der viel in Büchern im Kopf habe, sei
gescheit, die "Praxis" (wie er es nennt) mache den
Meister, ein Bauer, der die Welt kennt, [illegible]
[illegible] von der Regierung, als alle Minister u. Land-
räthe, u. so sei es auch meistens bei der Medizin,
die "Praxis" mache den Meister." — Die Medizin von
1845. strebt dahin, sich als eine angewandte Natur-
wissenschaft neben die Physik zu [illegible], die ihr na-
mentlich der Bau u. die Entwicklung ihres Objektes, des
Menschen, recht gebührt; die Einigung der Medizin
mit den übrigen Naturwissenschaften ist die große Fra-
ge der nächsten Gegenwart. Freilich fehlen die Geg-
ner nicht. Man hat gesagt, daß Worte sie
größer als die Erfolge, u. es ist wahr, Erfolge, wie sie

die

die mechanische Medizin verlangt, Erfolge, wie nur die unmittelbarste Genauigkeit, die und die mühsamste Arbeit, die fortlaufende Beobachtung, der wiederholte Versuch sie zu erringen vermögen, statt leider selten, als geistreiche Spekulationen, gewagte Vergleichungen und blendende Hypothesen. Es ist ferner der Vorwurf des Materialismus, der traditionelle auf den Anzeigen lastet, in der jüngsten Zeit von ihren Gegnern auf die mechanische Medizin gewälzt worden, weil diese im echt naturwissenschaftlichen Sinne das Vorhandensein von Kräften, die eine eigene Existenz und eine reale Wirkungsfähigkeit hätten, in der ganzen belebten und unbelebten Natur leugnet, und das Wort Kraft überhaupt nur als einen bequemen Sammelbegriff für das Gesetz, welches sich in dieser oder jener Reihe von Erscheinungen ausspricht, gelten läßt. Allein die Gegner vergessen, daß sie selbst bei der Annahme einer eigenthümlichen Lebenskraft nur einen Schritt weiter gegangen sind, als die griechische Mythologie, daß sie, anstatt jedem Baum seinen Geist zu geben, eine Nebelgestalt hineingedacht haben, von der sie selbst nicht wissen, wofür sie sie eigentlich halten sollen. Ist man doch in der Personifikation eines abstrakten Begriffs „Lebenskraft" soweit gegangen, daß [redacted] auch in den jüngsten Tagen die Abhängigkeit dieses mystischen Wesens von der Ernährung und Bewegung, von Essen und Trinken ausgesprochen ist! die Lebenskraft genügt nun einmal für alle Verhältnisse; man braucht nicht einmal mehr eine Seele. Früher dachte die Seele von dem etwas einseitigen Sitze der Zirbeldrüse des Organismus; nach früher wurde sie in den Hirnhöhlen abgesondert, jetzt spricht man gar nicht mehr von der Seele, sondern von der geistigen Thätigkeit als der Funktion des Gehirns. Die mechanische Medizin verläugnet die Seele nicht

der nicht, aber sie hat sich von dem unklaren Begriff
einer Kraft, u. von der überflüssigen Deutung der Le-
benserscheinungen entbunden. Das Gehirn ist ihr nur
das Organ, durch welches die Thätigkeiten der Seele
äußerlich werden, zum Vorschein kommen. Selbst die
Therapie ist heute von jenem blinden Materialismus
nicht freigeblieben. Die Lebenskraft, insofern sie zur
Wiederherstellung der Gesundheit wirksam sei, nann-
te man Naturheilkraft u. den Arzt proklamierte man
als den Diener der Natur. Fragt man aber, was
dieser vieldeutige Ausdruck der Natur hier bedeuten
solle, ob Gott oder Welt oder Natur oder irgendeine
Kraft, so erhält man keine Antwort. Es ist freilich
sehr bequem, die Heilung der Kranken der „Natur"
zu überlassen, aber ob man dieser gewiß viel zu-
traut, wenn man ihnen zu Hilfe kommt, vorausge-
setzt, daß man es versteht.

Wenn übrigens die mechanische Medizin die Er-
scheinungen des Lebens auf allgemein gültige physi-
kalische oder chemische Gesetze zurückzuführen strebt, so
kann sie nicht davon ablassen, den Grund dieser Erschei-
nungen mechanisch erklären zu wollen. Die Resulta-
te der neueren geologischen Forschungen zeigen hin-
länglich, daß eine Reihe nach einander folgender Schöp-
fungen organischer Wesen stattgefunden hat. Seitdem
die Erde aus dem feurig-flüssigen Zustand zu einer
festen Masse erstarrte, finden wir einen ununterbro-
chenen Wechsel der Thier- u. Pflanzengenerationen von
den Riesengräsern u. den Baumfarren der Steinkohlen-
formation bis zu den Laub- u. Nadelhölzern der
Braunkohle, von den gigantischen Amphibien des Lias
u. den mikroskopischen Muscheln der Kreide bis zu den
großen Säugethieren der Tertiärlager, welchen dann un-
mittelbar Eis folgte, das auch die Granitblöcke Schwe-
dens zuführte, u. dem die Erhebung der Alpen folgte.
Jenen Beginn des Zeitalters, die auch ihre Urbewohner
hatten;

haben; jenen Insekten, welche beim Druck, in der Begattung von dem herabfließenden Harz- od. Bernsteinbaum eingehüllt u. einer später entstandenen Welt erhalten wurden; jenen Mammuths, die im Eis eingebettet, Tausende von Jahrtausenden überdauert haben mögen — Thiere ungeheurer Form, von nicht mehr gekannter Art — waren zu ihrer Zeit nicht von menschlichen Augen erschaut. Der Mensch, das jüngste Kind der Schöpfung, scheint der Periode allgemeiner Erdumwälzungen entrückt zu sein; nie hat man seine Gebeine im ursprünglich geschichteten Erdreich gefunden. Die Leiche der Königin Gunhild von Norwegen, die Harald Blauzahn von Dänemark in einem Sumpf auf Jütland ersticken ließ, u. die fast 700. Jahre später in tiefer Erde aufgefunden wurde, wird für solche Annahmen stets ein warnendes Beispiel sein. Mit dem Menschen ist die Schöpfung fertig; es entsteht kein lebendes Wesen mehr, es sei denn gezeugt. Die Lebenskraft vermag nirgend, schafft nichts; kein Gährungspilz, keine Krätzmilbe, kein Eingeweidewurm ist ohne Ahnen.

Was ist nun aber Leben? Leben ist im Allgemeinen Zellenthätigkeit. Großartige Untersuchungen, mit der Anwendung des Mikroskops auf die Erforschung der organischen Welt beginnend, Untersuchungen, an denen auch unser Institut durch Männer, wie C. H. Schultz, Meyen, Reichert, seinen Antheil hat, haben gezeigt, daß jede Pflanze, jedes Thier in seiner ersten Anlage nichts weiter ist, als ein kleines Bläschen mit einem mehr oder weniger flüssigen Inhalt — eine Zelle, daß aus dieser Zelle sich weitere Zellen entwickeln, die wieder neue zeugen, sich gegenseitig verbinden, zu neuen Formen umbilden, u. endlich durch eine ungeheure Entwicklung, die man Schritt vor Schritt verfolgen kann, den staunenswürdigsten Organismus zusammensetzen. Die Gesetze dieser Bildungen sind durch die ganze organische Welt dieselben,

die

der Mensch stellt sich uns als ein Zellensystem dar, als die einfache Pflanze; sie ist nur ein Zellensystem mit Skala. Allmähliche, unmerkliche Übergänge verknüpfen diese ganze, ungeheure Reihe organischer Wesen; denn wir können jede Stufe mit [illegible] u. Stufenreihe der Pflanzen, u. mit der [illegible] der Thierklassen alle Stufen bloß Zusammensetzungen von Zellen selbst, so wird alles Studium über Leben sich in der Erforschung dieser Zellen u. der Bedingungen ihrer Entwicklung concentriren. Allein die ursprünglichen Zellen bilden durch Form u. Mischungsveränderungen zusammengesetzte Organe oder Organsysteme, deren spätere Thätigkeit nach ganz anderen Gesetzen vor sich geht. Diese sind namentlich Blut- u. Nervensystem. Um daher das Leben der höheren Thiere u. besonders des Menschen zu begreifen, ist eine ausgedehnter Forschung nöthig. Die Entwicklung des Leibes von der einfachen Zelle bis zum fertigen Organismus, die Bildungsgesetze jedes einzelnen Theils u. der Bau desselben setzen die gründlichsten anatomischen Untersuchungen voraus, wenn man sie verstehen will. Da aber jeder Wechsel der Organischen Thätigkeit, die Ernährung, der Stoffumsatz, das Wachsen, die Bewegung mit chemischen Veränderungen der Materie verknüpft sind, oder vielmehr durch sie [illegible] werden, so sind [illegible] chemische Untersuchungen nöthig, die leider noch zu sehr fehlen. Es erfordern endlich die Gesetze der Nervenbahnen u. des Kreislaufs, der Aufnahme u. Abscheidung der Stoffe, der Muskelbewegung u. der Seelenäußerung, die großen Objekte der Physiologie, [illegible], [illegible] gründlichen Arbeiten.

In dieser Weise ist die Lehre von der Krankheit eigentlich schon enthalten. Die Krankheit ist nichts Eigenes, sie ist kein fremdes, hergekommenes Wesen, kein äußerlich feindliches [illegible], kein [illegible] äußerer Kräfte. Die Erscheinungen des Lebens erfolgen nach bestimmten Gesetzen, die ihrerseits nur unter bestimmten

stimmten

fünden Bedingungen möglich sind. Fehlen diese Bedingungen ganz, so tritt der Tod ein; fehlen sie zum Theil, so werden gemischte Erscheinungen nothwendig, ist eine Reihe von Bedingungen günstiger als andere, so werden auch die von ihr ausfließenden Erscheinungen lebhafter sein, u. umgekehrt. Die Pathologie ist also weiter nichts als eine Anwendung der Physiologie ~~auf~~ mit specieller Benützung der Anatomie u. Chemie, u. die Behandlung des kranken Körpers besteht einfach darin, die für die Erscheinungen des Lebens günstigen Bedingungen herbeizuführen, also von den physiologischen Erfahrungen den bestmöglichen Gebrauch zu machen.

Als einen ~~Beispiel~~ Versuch der Anwendung dieser Grundsätze auf die praktischen Verhältnisse erlaube ich mir, eine kurze Skizze der Lehre von der Venenentzündung, die freilich nicht ganz nach [illegible], vorzulegen.

Drei Jahre vor dem Ausbruch des Krieges mit Frankreich, im Jahre 1789, wurde Görcke zum Stellvertreter des Generalchirurgus Theden ernannt. Er befand sich aber auf einer wissenschaftlichen Reise in London, wo er die Bekanntschaft des zweiten Generalchirurgus der britischen Armee, des großen John Hunter gemacht hatte. Görcke u. Hunter glichen sich vielfach. Ohne eine geordnete Schulbildung von Lehrmeistern praktisch in ihre Kunst eingeführt, hatten beide in der Erfahrung die vorzüglichste Lehrerin gefunden, u. ihre Unternehmungen waren stets mit einem Erfolge gekrönt gewesen, wie er unerschütterlichem u. unermüdlichem Wirken ~~[illegible]~~ zu folgen pflegt. Zu den höchsten Stellen in der Verwaltung berufen, war ihre Thätigkeit nie weder der Praxis, noch den stillen Arbeiten des Geistes verloren gegangen. Wenige Jahre zuvor hatte Hunter, im Besitz der Erfahrungen des Schlachtfeldes u. des Hospitals, zuerst eine bis dahin ungekannte Krankheit, die Venenentzündung, gelehrt.

liefs. Eigentlich hat Ribes gediegene Arbeiten auf die-
sem neuen Felde geliefert; auf dem Continent dage-
gen blieb er die Zeit noch wenig, obwohl Schützen-
[illegible], unter Larrey u. Marschall Augereau aus-
führt, vollständig unbekannt. Richter sagte damals:
„Ich habe zwar keinen Grund, die Erfahrungen, die mich be-
rechtigen, den Verfassern (Hunter) zu widersprechen,
aber ich habe auch nie etwas gesehen, das geeignet,
wenn er von der Entzündung der Venen spricht, zu bestätigen
scheint." Es blieb nicht genug, für die Chirurgie u. zu-
mal für die Kriegschirurgie diese wichtigen Lehr-
satz noch ~~[illegible]~~ dennoch unbeachtet ließ. Erst 1814,
als eine kurze Zeit der Ruhe langen, blutigen Tagen
folgte, hat Ribes die Bedeutung dieser Krankheit vor
Augen geführt. Dieser Zustand, vielgeprüft u. von einem
unermüdlichen Fleiß, hatte Ribes seine Laufbahn
praktisch begonnen, u. in der gediegenen Schule von Des-
genettes zum ersten Mal die Untersuchung ge-
übt, welche in dieser Schule unumgänglich ist. Er hat
sein ganzes +Leben hindurch Arzt am Invalidenhospital,
hatte er diese Anstalt nie verlassen müssen, um mit
den Jahren als Veteranen u. in dem Generalstabe
, Augereau die Schlachtfelder von halb Europa zu sehen.
Als er vor wenig Monaten, allgemein bedauert u.
[illegible] [illegible] [illegible] ein seltenes Lob über
ihn aus: Il y a un beau mot, créé tout exprès pour
~~[illegible]~~ les savans: je ne sais pas; or, ce mot
ne coûtait rien à Ribes.

+medicinischen

Seit 1814. hat die Aufmerksamkeit über die Venenentzün-
dung nie aufgehört, die französischen Ärzte zu beschäf-
tigen. Von Cruveilhier, der als Praktiker eben so groß
wie als Anatom ist, u. der diese Krankheit mit der grö-
ßesten Ausführlichkeit studirt hat, stammt der große
Satz: La phlebite domine toute la pathologie.
In Deutschland hat es bis jetzt noch keinen Chirurgen
gegeben, der über dieselbe etwas selbstständig geleis-
tet hat; nur die kleinen Anatomen, Rokitansky
u. Engel

Hegel, haben auch für diese Krankheit neue Gesichtspunkte aufgestellt. Bedenkt man, daß mehr als die Hälfte aller Amputirten im Durchschnitt sterben, u. meist an den Folgen der Venenentzündung; berücksichtigt man, daß diese Krankheit bei jeder chirurgischen Operation, selbst dem Aderlaß eintreten, daß sie außerdem eine wesentliche Quelle der Wöchnerinnen ist u. die verschiedenartigsten anderen Krankheiten complicirt: so ist ein solcher Mangel an Bearbeitung allerdings auffallend genug. Zumal von Militärärzten entdeckt, die stete Verpflegerin der Heere, ist diese interessante Krankheit noch eigentlich ein Gegenstand der Militärchirurgie. Als möglichst kurze Aufstellung, welche mir vorzulegen erlaubt, ist die Frucht + mehr als hundert Leichenöffnungen u. noch mehr Krankheitsfälle von Venenentzündung, zusammengestellt mit dem fast unübersehbaren Material, welches besonders die französische Literatur darbietet. Die Schwierigkeit des Reichthums der Erscheinungen im Einzelnen, sowie die Unsicherheit u. Zweifelhaftigkeit, welche die Resultate meiner Beobachtungen zu sehr schwanken, mögen es erklären, daß diese immer noch sehr lückenhaft sind.

+ der Beobachtung u. Untersuchung

Die Krankheit, welche man Venenentzündung, Phlebitis genannt hat, ist nichts weniger als eine Entzündung, u. wenn in der That eine Venenentzündung einmal eintritt, so hat diese auf den Verlauf der nächsten Erscheinungen oft einen günstigen Einfluß. Wird ein größerer Theil z.B. der Oberschenkel durch einen Schuß, einen Hieb, einen Amputationsschnitt eine Trennung des Zusammenhangs von einem gewissen Umfange erleidet, so wird auch die Continuität der Blutgefäße aufgehoben. Man stillt die entstehenden Blutungen aus Arterien oder Unterbindung der größeren Arterienstämme; der Ausfluß des Bluts aus den Venen ist gewöhnlich unmöglich, weil die Klappen des Stromes in der Richtung vom Herzen rückwärts unmöglich machen. Das Blut

Blut stockt daher vorzugsweise in den Arterien, deren Kanal an irgendeiner Stelle dicht verschlossen ist, und überhaupt in den Venen, die in einer gewissen Strecke gedrückt und hinten her fehlt, also ein Fortschreiten des Blutes bis zu der Stelle, wo ein dem Kreislauf erhaltenes Gefäß einmündet, unmöglich ist. Diese Stockung ist nicht das Resultat einer Lebenserkrankung oder einer Einwirkung der entzündeten Gefäßwandungen oder des von denselben abgesonderten Exsudats, sondern ein ganz gewöhnliches, mechanisches Phänomen. Stockendes Blut gerinnt unter allen Umständen, äußerst seltene Ausnahmen abgerechnet, vermöge seiner ganz eigentümlichen Neigung, nicht weil es der Einwirkung der „Lebenskraft“ entzogen ist, sondern weil der in demselben enthaltene Faserstoff nur so lange an der Gerinnung verhindert bleibt, als sein steter Umsatz oder Verbrauch im Körper dauert. Dieser Pfropf besteht aus geronnenem Faserstoff, welcher die farbigen und farblosen Zellen des Blutes nebst einer gewissen Quantität des Blutserums einschließt. Im günstigsten Falle geht derselbe sowohl in der Arterie, als in der Vene eine Reihe von Veränderungen ein, deren Schluß die vollständige, dauernde Verschließung des Gefäßes, die Umwandlung seines früheren Hohlraums in einen bindegewebigen Strang ist. In der Vene tritt aber leider zu häufig ein anderer, [illegible] ein. [illegible] der Pfropf seine ursprünglich dunkelrote Farbe in eine schmutzig gelbrote, und [illegible] gelbliche zugehend, umwandelt, verliert er seine Konsistenz und wird bröckig, locker und leicht zerreißlich. Man sieht dann den Faserstoff als einen gleichförmigen, [illegible] Brei, der nicht mehr in deutliche [illegible] zerrissen werden kann; die eingeschlossenen Blutkörperchen haben ihr Gefüge [illegible] und einen Teil ihres Farbstoffes abgegeben. Die [illegible] Umwandlung des Faserstoffs schreitet schnell voran, und in dem lockersten Teil des Pfropfes, seiner Mitte, findet sich nach einiger Zeit eine Höhlung, die mit ei-

ner

nur röthlichen, dünnflüssigen Masse, die man frischen Eiter genannt hat, erfüllt ist. Von der Idee einer Entzündung ausgehend, hat man sich viele Mühe gegeben, das Vorkommen dieses Eiters in der Mitte des Exsudats und nicht in seinem Umfange zu erklären. Dieser sogenannte Eiter entsteht ohne Entzündung, denn die Wände des Gefässes zeigen in dieser Zeit nicht die geringste Veränderung. Untersucht man diesen Eiter unter dem Mikroskop, so sieht man außer mehr oder weniger veränderten Blutkörperchen das ganze Gesichtsfeld mit einer dichten Masse kleiner, blasser, in wechselnder Feinigkeit unregelmäßiger Körnchen, die häufig Molekularbewegung zeigen, erfüllt; ihre Größe übersteigt selten $\frac{1}{100000}$ Zoll. Allmählich wird die centrale Erweichung des Exsudats größer, und der flüssige Inhalt nimmt eine immer hellere, weißröthliche, endlich weißgelbliche Farbe an, er gleicht zuletzt vollkommen dem röthlichen Eiter. Während dieses Zeitraumes haben sich die Blutkörperchen fast ganz aufgelöst, und die chemische Umwandlung die festen Bestandtheile in eine eiweißartige Flüssigkeit [illegible] genommen. Die mikroskopische Untersuchung und die Experimente macht man daraus für die Entwickelung. Die entstehenden Formen [illegible], sind in dieser Zeit so schwierig, daß ich mich auf die Mittheilung von Beobachtungen beschränken muß, die freilich für das Auge eine der Reihenfolge in der Zeit, aber nicht für die an der Ordnung in der Bildung entscheidend sind. Die Objekte sind natürlich jedesmal fertig; die Entwickelung läßt sich nicht sehen, sondern nur erschließen.*)

*) Es gehört eine große Unkenntniß des Gegenstandes voraus, wenn die Gegner des Mikroskops immer nur optische Täuschungen sehen, wo es sich nur um logische handelt. Wäre die Deutung der Thatsachen, namentlich in Beziehung auf den Zusammenhang zwischen den einzelnen, gesehenen Dingen so leicht, so müßte es doch sehr Wunder nehmen, daß die Medizin seit Hippokrates noch nicht zu positiveren Resultaten gekommen ist. Diese Oberflächlichen vergessen immer, daß das Mikroskop erst seit Menschenaltern gehandhabt wird und daß die ganze physiologische und pathologische Histologie durch dasselbe so erweitert sind, daß die Rückwirkung auf die Praxis sich zum Theil schon jetzt klar herausstellt.

Neben den beschriebenen, kleinen Körnchen finden sich
~~allmählich~~ größere, oft um das Doppelte u. Dreifache grö-
ßere; dann sieht ~~man~~ [unterscheiden] Körnchen, welche ganz kleine,
schwarze Elementarkörnchen enthalten; endlich erkennt man
einen Unterschied zwischen einer blassen Hülle u. einem
flüssigen, mit Elementarkörnchen gemengten Inhalt, der durch
Essigsäure gelöst wird, während die Hülle unverändert
bleibt. Ändern sich nun die Elementarkörnchen mehr, schei-
nen die jetzt als Zellen erscheinenden Körper bis zu der
Größe von $\frac{1}{300}$ Linie zu wachsen. Von hier ab sieht man
zwei Reihen von Bildungen bald in derselben Zelle neben
einander, bald in verschiedenen Zellen einseitig sich ent-
wickeln, deren Bedingungen sich bis jetzt noch nicht über-
sehen lassen. Entweder nämlich wachsen diese kernhal-
tigen Zellen bis zu der Größe von $\frac{1}{100}$ Linie u. darüber,
ohne weitere chemische Veränderungen ihres Inhalts zu zei-
gen, u. stellen dann eine Art der sogenannten Kör-
nchenzellen oder Entzündungskugeln dar; ihre Menge ist
oft so groß, daß der ganze sogenannte Eiter nur aus
ihnen besteht. Oder es zeigen sich unter den dunklen
Elementarkörnchen, seltener in Zellen, die keinen Kern enthal-
ten, 2, 3–5 größere, gewöhnlich sehr dunkle, in Essig-
säure unlösliche, in Alkalien lösliche Körnchen. Diese
werden größer u. gruppiren sich in den verschiedensten
Gestalten an einander. In ihrer höchsten Ausbildung sind
es ovale, napfförmig ausgehöhlte Scheiben, die häufig in
der Mitte die Andeutung einer kleinen, vorspringenden
Kugel zeigen. Diese Körper fangen nun an zu ver-
wachsen, indem sie sich zu 2., zu 3., ja je drei zu
2. u. 3. mit ihren Rändern an einander legen. Haben
sich alle mit ihren Rändern verbunden, so stellen sie ge-
wöhnlich die Gestalt eines Hufeisens dar. Die Ränder
dieses Hufeisens krümmen sich immer mehr, die Enden
nähern sich, während die mittleren Partien verschmelzen,
u. zuletzt sieht man nur noch einen einzigen, run-
den, oder bisquitförmigen, körnigen Körper. Während die-
ser Zeit hat sich die Hülle der Zelle chemisch verändert;
sie ist in Essigsäure löslich geworden. In derselben Phase
nun

man gar keine oder nur sehr wenige Molekularkörnchen zu finden, dagegen stieß man auf eine Menge aber so kleiner, aber ganz blasser Körperchen, welche den ganzen übrigen Raum zu erfüllen schienen. Dieselben geriethen nach der Einleitung [illegible] oder gewissen Verhältnissen innerhalb der Zellen in molekulare Bewegung, mußten also mehr oder weniger beweglich sein; sie sind im [illegible] unlöslich, obwohl sie den Raum auszufüllen scheinen, während sie an Helligkeit leicht wahrgenommen werden; sie bestehen also aus einem gallertartigen Eiweiß. Auch junge Zellen von $\frac{1}{100}$–$\frac{1}{150}$ Linie Größe, die man Eiterkörperchen genannt hat, zeigen demnach ein sehr zusammengesetztes Gefüge aus bestimmten chemischen u. morphologischen Beschaffenheit. [illegible] kann freilich nur, allein die ungeheure Mehrheit der Zellen beweist für die vollkommene Gesetzmäßigkeit der Zusammensetzung. In einer der [illegible] Zellen befindet sich ein flüssiger, wahrscheinlich aus Eiweiß bestehender Inhalt, in dem kleine Körperchen [illegible] u. mancherlei Molekularkörnchen schweben, ein oder mehrere Kerne, deren chemische Beschaffenheit sehr verschieden ist, u. ein Kernkörperchen, das sich der Zerstörung [illegible] zu erhalten scheint. Es ist auch in dem kleinsten Raum das allgemeine Gesetz erkennbar; möglich, daß einst ein späteres Geschlecht auch die mathematische Formel für diese Bildungen ~~finde~~ findet. +)

+) Ich bin in dieser Darstellung von der gewöhnlichen, der Zellentheorie entsprechenden Meinung abgewichen, weil ich die entsprechenden Thatsachen nicht habe finden können. Wäre die Entwicklung der Eiterkörperchen in der Art an die, in Deutschland allerdings vorkommende von Vogel, Henle, Lehmann u. [illegible] beschriebenen Körperchen (nur einem Kern mit frisch umgebender Hülle bestehend) gebunden, so hätte ich sie bei so häufig wiederholter Untersuchung doch öfters finden müssen. Es bleibt aber immer noch fraglich, ob jene Körper als junge Zellen mit einem Kern zu betrachten sind; wenn es richtig, so könnten die gewöhnlich als Kerne betrachteten Dinge der Eiterkörperchen nur secundäre Bildungen sein.

die

[illegible] Wichtigkeit [illegible] Zerstö-
rung der [illegible] ..., so
[illegible] ... [illegible]
[illegible]

[illegible] Müller (Zeitschr. f. rat. Medic. 1845. Hft. 2.) [illegible]

[illegible] nach 8. Tagen. [illegible]

[illegible] Zellen. [illegible]

[illegible] (die [illegible] Valentin's, die globules py-
oides Lebert's) [illegible]

[illegible]

Hülle

der durch die Entzündung fortgesetzten Coagulation der Venenwandungen noch weiter ausbreitet, oder wo nur der Zerfallen des ganzen Gerinnsels ein Stillstand in der Entwicklung eintritt und das schon Gebildete durch Resorption des flüssigen Theils eingedickt wird. Selten hat der Arzt so schöne Erfolge; meist wird er auf grausame Weise in seinen Erwartungen getäuscht. Der Kranke befindet sich 3, 4 und mehr Tage nach der Verletzung ganz befriedigend, der Zustand der Wunde ist erwünscht, kein bedenkliches Zeichen vorhanden. Plötzlich tritt ein heftiger Schüttelfrost ein. Verhängnißvolles, unerklärtes Zeichen! Bald das Eindringen deletärer Agentien in den Organismus und den drohenden Ausbruch einer Krankheit andeutend, bald ohne sichtbare Ursache eintretend, ohne Wirkung vorübergehend, scheint es der ärztlichen Forschung ein immer ungelöstes Räthsel zu bleiben. In anderen Fällen weiß der Arzt freilich, daß das Schlimmste geschehen ist.

Die Gerinnung des Blutes in den Venen geschieht nämlich stets bis zu dem nächsten, dem Kreislauf erhaltenen Aste, und zwar ~~stets~~ so, daß auch an der der Einströmung des Blutes aus diesem Aste entgegengesetzten Seite der gebildete Pfropf sich noch eine Strecke weit hinaus erstreckt, da der kleine Ast mit dem von ihm gelieferten Blut nicht hinreichend den ganzen Raum ausfüllen kann. In den von ihm nicht berührten Theilen gerinnt das Blut wie in einem aneurysmatischen oder varikösen Sack. Dieser so ungeheuer wichtige Punkt ist fast gar nicht berücksichtigt worden. Beim Zerfallen des Gerinnsels kann nun zweierlei erfolgen. In einem Falle wird der obere, in das freie Gefäß hineinragende, durch die Schmelzung der älteren Partie locker gewordene Theil abgerissen, und mit dem Blutstrom fortgeführt. Häufig

---

Hülle und Inhalt verwechseln, und es wäre möglich, daß auch hier das Freiwerden von Eiter den Übergang der einfachen Fibrinausscheidung zu einer neuen Combination andeutete, wie wir es so häufig sehen.

wird durch Druck von neuem, sich abscheidende Fa-
serstofflagen umhüllt, u. bald in einen Ast gelege-
nen Stammstück hineingepreßt, bald durch sein
Uebergewicht an einer Stelle der Abzweigung schon
stärkeren festgehalten. Geschieht dies nicht, so gelangt
es endlich zum rechten Herzen, wo dich. kleinen Stü-
cke schon lange unter dem Namen der Herzpolypen be-
kannt u. als Zeichen der Entzündung des innern Herzhaut
betrachtet sind. Das Herz ist vollkommen gesund, aber
seine vielverzweigten Muskeln ~~[illegible]~~ halten hergebrachten
Gerinnsel durch Ostiumwinkel [illegible]. Von dem rechten
Herzen wird das Gerinnsel in die Lungenarterien
hineingetrieben. Indem es hier nun weiteren zu einer
engeren, zuletzt mikroskopischen Kanälen gelangt,
muß es nothwendig im Stamm oder in den Ästen des
Gefäßes eingekeilt werden. Man findet, daß hier
eingewickelte oder zusammengefaltete Pfröpfe. Findet
nur bei einer geringen Größe des Gerinnsels eine Ver-
stopfung nur kleiner Äste statt, so entstehen durch
den Druck der gestauten Blutsäule Zerreißungen der
Gefäßwandungen u. Blutaustretungen, denen bald ei-
ne Entzündung folgt. Das sind die sogenannten lobulären
Pneumonien. Ist aber das Gerinnsel bedeutend, z.B. von
der Größe eines Fingergliedes, wird also ein Haupt-
stamm verstopft, so wird das ganze Blut genö-
thigt, sich durch die andern [illegible] durch einen Weg
zu zwängen, der vorher nur die Hälfte brauchte. Die hier-
aus entstehenden Erscheinungen (gestörter Rückfluß
des Blutes zu dem Herzen, Rückstau namentlich nach
dem Kopfe, u. sehr beschränkte Respiration, während der
der Schmerz vorhanden ist, weil die gewöhnliche Unterstü-
tzung der Brust ein Hinderniß ergibt,) sind den Geburts-
helfern längst bekannt, allein sie haben nicht gewußt,
was sie daraus machen sollen, da ihnen der patholo-
gisch-anatomische Boden für die Erklärung fehlte. +)

+) Was die Diagnose dieser eigenthümlichen Krankheit betrifft, so ist deutlich, wie wenn man die Sache nicht genauer nach [illegible] pathologischen Ansichten für eine Entzündung des Blutes erklären will, eine [illegible] Schwierig[keit], u. es nicht genau untersucht werden [illegible]. Vgl. Ulsamer Erfahrungen in der Geburtshülfe in der Neuen Zeitschr. f. Geb. 1845. Hft. 2. p. 232.

Nun gilt das aber Alles, was ähnliche Vorgänge nur in den Lungen, nicht in der Leber, der Milz, den Nieren, dem Gehirn, dem Zellgewebe erkennen, Alles, was einmal erstarrt ist und in den Blutstrom gelangte, muss die Lungen passirt, zum linken Herzen zurückgelangt und durch die Arterien in dem entlegeneren Gefässsystem des Körpers ausgebreitet ist. Schwerlich mag der Grund dieser Erscheinung nicht ausschliesslich genauer nachzuweisen, es ist aber wahrscheinlich, dass dieselben dann eintreten, wenn nur kleine Theile des Gerinnsels fortgerissen werden, und welche sich allmählich im weiteren Verlaufe der Circulation und an Arterienklappen abscheiden, und einen Verschluss der Gefässe bedingen.

Diese Reihe von Erscheinungen, welche man zum Theil noch nicht gekannt, zum Theil auf die widersprechendsten Erklärungen zurückgeführt hat, scheinen mir sehr viel Interesse zur Sache. Es ist die Reihe derjenigen Phänomene, welche von einer schnellen und fast unaufhaltsamen Veränderung des Blutes abhängen; diejenigen, welche nach den Einzelnen die Schreckbilder großer Epidemien erblicken lassen, und welche man in der neuesten Zeit als das Resultat einer Infection des Blutes, der Eiterinfection aufgefasst hat. Man hat vielfach darüber gestritten, ob dazu die Aufnahme der festen oder der flüssigen Theile des Eiters, d. h. der Eiterkügelchen oder des Eiterserums nöthig sei. Unsere früheren Erörterung, wonach man es nur mit einem zerfallenden Gerinnsel und mit Zellen auf allen Stufen der Entwicklung, die nur selten wirkliche Eiterkörperchen darstellen, zu thun hat, und die sekundäre Eiterbildung im Parenchym der Organe nicht durch das Wesen der Eiterkörperchen bedingt ist, gestattet uns die übrigen vielfachen Gründe übergehen zu dürfen, die es wahrscheinlich machen, dass die Aufnahme der flüssigen Theile des zerfallenden Gerinnsels die Ursache der Blutveränderung sei. Die Erscheinungen

als

über die fauligen Infektion geben dieselben Erscheinungen. Sobald nämlich durch fermentartige, in einer beständigen chemischen Umsetzung begriffenen Flüssigkeiten ins Blut gelangen, pflanzt sich diese Bewegung auf die Bestandtheile desselben fort, und wir sehen alsbald eine Verflüssigung, Dissolution desselben eintreten. Das Blut verliert seine Fähigkeit zu gerinnen, seine Zellen lösen sich auf, und man findet nach dem Tod eine [illegible], die flüssige Masse in den Gefäßen, deren Wandungen davon gefärbt sind. Die Erscheinungen, die daraus entspringen, gleichen bald dem Scorbut, dem [illegible] und dem Rheumatismus, bald der Syphilis und den akuten Exanthemen, bald dem Typhus, dem Wechselfieber und dem Erysipel, bald den Krankheiten des Gehirns und Rückenmarks. [illegible], mit [illegible] oder [illegible] ziehend [illegible] der [illegible] und [illegible] Haut, auf der sich oft verschiedenartige, frieselartige, pustulöse, [illegible] Ausschläge zeigen; [illegible] Schmerzen in den Gliedern; Entzündungen [illegible] mit Neigung zur Eiterbildung in die Höhlen der Brust, des Bauches und der Gelenke; Erweichungen der [illegible] und der Augen; Nasenbluten, Durchfälle, Unterleibsschmerzen; heftige Nervenzufälle; Eingenommenheit des Kopfes, [illegible] des Geistes, Delirien — kurz die Pathologie sucht ihre Phänomene aus allen Sphären zusammen, um den Tod des Kranken schrecklich zu machen.*)

---

*) [illegible] es auf den [illegible] Thatsachen [illegible], selbst sich zu ergeben. Obwohl ich mit meinen Untersuchungen über diesen Gegenstand, welchen ich gern so zusammenhängend und übersichtlich als möglich darstellen möchte, zu einem gewissen Abschluss gekommen sein würde, hoffe ich die Beweise für meine Ansichten, wenn die Veröffentlichung der früheren ausführlich [illegible] zu können. Vorläufig möchte ich nur hervorheben, daß die tuberculöse Pneumonie, die Obstruktion der Lungenarterien, die [illegible] der [illegible] Erscheinungen der Phthisis sind, und daß das Zerfallen des Blutgerinnsels eine [illegible], eine wesentlich [illegible] Reihe von Erscheinungen bedingt. Man hat längst Phthisis ohne wirkliche Ablagerung in den [illegible] Organen; ich habe auch Fälle beobachtet, wo [illegible] Phthisis [illegible] war, und wo sich alte, eingeschrumpfte Gerinnsel in den Venen der Extremitäten und den Lungenarterien zugleich vorfanden.

Möchte es mir gelungen sein zu zeigen, daß die naturwissenschaftliche Methode auf die Psychiatrie vollkommen anwendbar sei. Der praktische Gewinn dieser Mittheilungen ist klar; der Arzt hat es mit der Behandlung und Beobachtung u. nicht einer Entzündung zu thun, u. es ist nicht eine Krankheit, gegen welche er kämpfen oder bei der er zusehen solle, wie die „Natur" die Heilung — nicht zu Stande bringt, sondern einfach eine Einheit von Erscheinungen, deren jede für sich behandelt sein muß, u. ein Beispiel davon vorbringen, auch kann. In meiner Arbeit zur Geburtshilflichen Zeitschrift hatte ich das Glück, eine Reihe ähnlicher Beobachtungen über die Wirkung des Alkohol im Körper anzustellen. Allein alle solche Beobachtungen werden erst werthvoll, wenn sie in mikroskopischem Detail angestellt sind, wenn man jede Phase der krankhaften Veränderungen verfolgt, u. die Bedingungen, unter denen sie eintreten, erkannt haben wird. Sobald dieß geschehen ist, wird man eine vollkommene Therapie haben. Immer u. vor Allem aber werden das Spital u. das Leichenhaus die Stätten bleiben, wo die Krankheiten im Großen u. im kleinen Detail mit Erfolg studirt werden können, u. es ist noch sehr viel, ja fast Alles zu thun übrig. Welche großen Aufgaben hätte namentlich die Militärärzte zu lösen! Der Skorbut, der Typhus, die contagiöse Augenentzündung, die Zufälle nach schweren Feldzügen — sollen sie immer zu den Geschicken der Natur gehören? Wenn es Natur ist, soll man sich auf den Krieg rüsten, u. wird nicht der Krieg so lange dauernd sein, als es Heere gibt? Auch dem Militärarzt wird es immer an erhebender Zeit fehlen, sich auf die Schrecken des Krieges würdig vorzubereiten. Hat doch ihm die Erfahrung, die Schnelle Mannigfaltigkeit der Erscheinungen fast nüchtern, als jeden andern Arzte, weil sich ihm die Krankheiten massenhafter u. gleichzeitig entgegenstellen. Diese Erfahrung

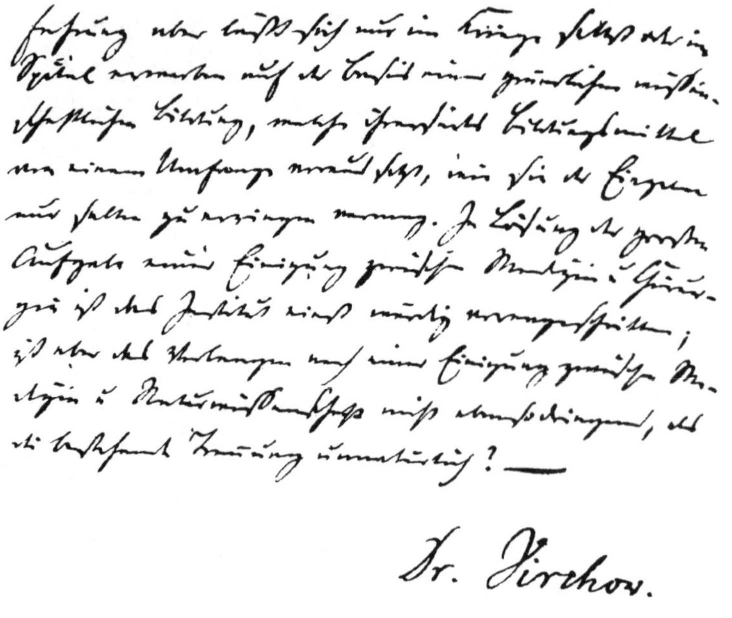

Anschauung aber läßt sich nur im Kriege selbst oder im Spital erwerben auf der Basis einer gründlichen wissenschaftlichen Bildung, welche ebenso die Bildungsmittel von einem Umfange voraussetzt, wie sie die Eleven nur selten zu erreichen vermögen. In Lösung der großen Aufgabe einer Einigung zwischen Medizin u. Chirurgie ist das Institut schon mächtig vorangeschritten; ist aber das Verlangen nach einer Einigung zwischen Medizin u. Naturwissenschaften nicht ebenso dringend, als die bestehende Trennung unnatürlich? —

Dr. Virchow.

Transkription des handschriftlichen Textes

Bearbeitet
von
Klaus Klauß

/Zwei Reden.

Vorwort

Das medizinisch-chirurgische Friedrich-Wilhelms-Institut in Berlin beging in diesem Jahre die 95.ste Jahresfeier des Geburtstages seines Stifters und die 50.ste seines Bestehens. Die nachstehenden beiden Reden, an diesen Festtagen gehalten, hatten den Zweck, die Zielpunkte des heutigen, medizinischen Strebens in ihrer Bedeutung für die Praxis, welche immer der nächste Gegenstand der Bildung in einer militärärztlichen Anstalt sein muß, festzustellen. Es kam darauf an, zu zeigen, daß die praktische Medizin nie etwas anderes, als eine angewandte Naturwissenschaft sein darf, daß ihre Begründung auf die Anatomie und Physiologie mehr als hohle Phrasen, die Zurückführung ihrer Erfahrungen auf die Lehrsätze der Physik und Chemie mehr als Blendwerk sein können. Die Medizin, von dem einfachen, mechanischen Standpunkt aufgefaßt, ist in Preußen noch immer sehr anrüchig; es sind Berliner Zeitschriften, die das Wort Mikroskop nur mit einem Ausrufungszeichen schreiben, und den „chemischen Topf" nur mit einem gewissen vornehmen Lächeln betrachten. Als das Friedrich-Wilhelms-Institut vor 50. Jahren mit dem unerhörten Zweck einer Vereinigung von Medizin und Chirurgie ins Leben trat, fehlte diese selbstgefällige Ironie auch nicht; wie sollte sie vermißt werden, wo es sich um die viel schwierigere Vereinigung von Medizin und Naturwissenschaft handelt. Diejenigen, welche die Verirrungen der Naturwissenschaften in der Deutung pathologischer Erscheinungen hervorheben, vergessen, daß Mißgriffe nie fehlen können, wo man einem Fremden
[S. 16] die Herr/schaft im eigenen Hause gestattet. Der Praktiker muß selbst Naturkundiger sein, selbst die Erscheinungen des kranken Körpers naturwissenschaftlich deuten und die Wirkung der Heilmittel als mechanischer Agentien auffassen können. Die Physik und Chemie, die Anatomie und Physiologie müssen ihm dienstbar sein; sie müssen für ihn arbeiten, aber er selbst muß ihnen Fragen stellen und die Glaubwürdigkeit ihrer Antworten beurtheilen können. Von diesem Gesichtspunkt aus ist in den beiden Reden der Versuch gemacht worden, einige Punkte der Pathologie und Therapie nach eigenen Untersuchungen zu deuten.

I. Am 3. ten Mai 1845.

Erinnerung an den Generalstabsarzt Görcke, den Stifter des Friedrich-Wilhelms-Instituts. —
Das Bedürfniß und die Möglichkeit einer Medizin vom mechanischen Standpunkt, nachgewiesen an Beispielen. Die Therapie der Blutungen. Das entzündliche Blut. Die Säuferdyskrasie.

Wenn ein späteres Geschlecht den Gedächtnißtag eines Verstorbenen begeht, so sind es nicht allein Worte der Trauer, der Dankbarkeit oder der Ehrfurcht, die man von ihm zu hören verlangt, sondern vor Allem eine ernste Rechenschaftslegung, wie es mit dem Nachlaß des Verstorbenen Hausgehalten habe. Die wahre Hinterlassenschaft großer Männer sind aber weniger materielle Güter, als entwicklungsfähige Ideen. Görcke's Vermächtniß ist die Idee, wissenschaftliche Militärärzte zu bilden. Sein nächster Zweck, die Wiederherstellung einer einigen und untheilbaren Medizin, ist fast erfüllt; ist aber die Erfüllung des nächsten Zwecks zugleich die Erfüllung der sich weiter entwickelnden Idee? Die Medizin will nicht bloß eine einige Wissenschaft, sie will Naturwissenschaft und zwar die höchste und schönste Naturwissenschaft sein. Lang verschollene Gedanken aus den
[S. 17] Philosophenschulen des Alterthums/sind in ihr wieder wach geworden. Soll nicht der Arzt wieder ein naturkundiger Philosoph sein? Entdeckung folgt auf Entdeckung, jeder Tag häuft neues Material zu dem schon riesenhaft angesammelten Stoff. Wie soll der praktische Arzt die Verbindung mit der

Wissenschaft unterhalten, wie soll er neue Brücken schlagen von der Physiologie, der organischen Chemie und Physik zu dem allein fruchtbaren Gebiete der Praxis? Ein neues Schisma droht uns, und selbst die medizinische Industrie, so gewaltig sie auch mit Repertorien und Jahresberichten, mit Journal-Auszügen und Bibliotheken des Auslandes einherschreitet, hat die Verwirrung nicht zu hemmen vermocht. Muße, Mittel und Gelegenheit, die drei einzigen Bedingungen, in einer Zeit so rapider Entwicklung sich im Strome zu erhalten, sind dem Einzelnen von vorn herein selten vergönnt; wohl ihm, wenn sie ihm geboten werden, wo der praktische Zweck es erfordert.
Ist das nicht die consequente Entwicklung der ursprünglichen Görcken'schen Idee? Und ist nicht das Bedürfniß nach einer Einigung der wissenschaftlichen Erfahrungen mit den praktischen Erfolgen fühlbarer als je? Es ist gleichzeitig der Kampf gegen den Unglauben, den Aberglauben und den Ueberglauben zu führen. Vor 60. Jahren sagte der Graf von Provence, nachmals Ludwig XVIII. genannt, von seinem Leibarzt Lieutaud: „In diesem Jahrhunderte der fast allgemeinen Ungläubigkeit seiner Standesgenossen hatte er das Lächerliche an sich, an die Arzneikunst zu glauben." Heut zu Tage sehen wir das merkwürdige Bild vor uns, wie dieselben Leute, deren Unglaube an die Medizin ein eingestandener ist, mit aller Gewalt die Mittel einer fortschreitenden Kenntniß abwehren.
[S. 18] Aus/diesen Reihen werden die Worte gehört, „die pathologische Anatomie sei eine Verirrung der Zeit und die pathologische Chemie eine Windbeutelei; der chemische Topf wolle herrschen in der Medizin"; — kurz, man redet, als ob diese Richtungen souverän sein wollten, als ob sie etwas anderes verlangten, als Gehör und Geltung! Weniger groß, doch um so bedeutungsvoller durch ihren Einfluß auf leicht bewegliche Volksmassen ist die Cohorte der Propheten des Aberglaubens. Homöopathie und Hydropathie, Magnetismus und Exorcismus — Phantome des Mittelalters — erheben ungestört ihr Haupt, und das Licht der Wissenschaft ist noch nicht klar genug, um sie ungesäumt zerstreuen zu können. Und doch sind das noch nicht die schlimmsten Widersacher unserer frischen und lebensvollen Wissenschaft; das ist vielmehr die Schaar der Uebergläubigen in Theorie und Praxis, denen eine Autorität über Alles geht, und die auf dem Wege wandeln, der einerseits zu Parasiten und Oxyproteinkrasen, andrerseits zu Quassia-Uebeln und Chelidoniumkrankheiten führt. Jede nur unsicher constatirte Thatsache wird in diesen Händen zum flammenden Schwert, das hierhin und dorthin schlägt, und alsbald wieder zur Seite geworfen wird, sobald neue Thatsachen da sind.

Die neueste Medizin bezeichnet ihre Anschauungsweise als die mechanische, ihr Ziel als die Feststellung einer Physik der Organismen. Sie weist nach, daß Leben nur ein Ausdruck für eine Reihe von Erscheinungen ist, deren jede einzeln nach den gewöhnlichen physikalischen und chemischen d. h. mechanischen Gesetzen von Statten geht. Sie läugnet die Existenz einer autokratischen Lebens- und Naturheilkraft, wie denn der Naturkundige mit dem Namen der Kräfte überhaupt nur der Bequemlichkeit wegen das Gesetz belegt, nach welchem die Eigenschaften der Körper in ihren
[S. 19] Beziehungen zu/einander sich manifestiren. Kraft ist ihr immer nur die Resultante aus den Eigenschaften zweier Körper, ein Begriff, aber kein reales Ding. Die Erkenntniß des Gesetzes genügt auch vollkommen; nach dem Grunde des Gesetzes zu forschen, ist transcendentaler Vorwitz. Wenn man aber an die Stelle der Lebenskraft den an sich richtigen Begriff „Idee des Organismus" als eine legislative Potenz im Körper aufgestellt hat, so hat man dabei aber wieder übersehen, daß damit auch nur das Gesetz ausgedrückt werden darf, nach welchem unter gegebenen Bedingungen (Befruchtung, Wärme, Nahrung, Luft) aus einem bestimmten, schon gegebenen Dinge (der Eizelle) etwas Bestimmtes werden muß. Den Begriff der Zelle hat man aber lange nicht scharf genug aufgefaßt. Die Zelle ist für uns das organische *Molekül* ⟨Atom⟩, analog dem chemischen oder physikalischen Molekül. Nachdem die Möglichkeit der generatio aequivoca durch die Entdeckung des Generationswechsels und der Wanderungen der Entozoen vernichtet ist, so haben wir in der Zelle ein Gegebenes, dessen erstes Entstehen vor allem menschlichen Wissen liegt. Ihre Fähigkeit zur Stoffaufnahme hat nichts Wunderbares an sich, denn wären die äußeren Bedingungen eben so günstig für chemische Moleküle, so würden sie gleichfalls gleichartiges Material um sich sammeln; es kommt nur auf den „Primitivstock" an. Das Wunderbare liegt aber in der Bildung dieses Primitivstockes, der Eizelle, innerhalb des mütterlichen Organismus, der endogenen Zellenzeugung. Es ist ein ewiges Gesetz permanenter, innerlicher Bewegung in diesem Entstehen und Vergehen von Zellen.
Jede Zelle aber hat in sich gewisse Eigenschaften, die nach Form, Mischung, Art u. s. w. different sind und unter günstigen Bedingungen aktiv auftreten; die Summe dieser Erscheinungen nennen wir

[S. 20] Leben. Leben ist seinem Wesen nach Zellenthätigkeit, und/von einem Leben der Atmosphäre, der Erde oder der Völker zu reden, ist ein logischer oder poetischer Irrthum. Das Leben höherer Organismen, insonderheit des Menschen, ist nach der Entwicklung der Zelle zu Organen und Organsystemen hauptsächlich durch die 3. Faktoren Blut, Nerven und Organmasse bedingt, deren Integrität über gewisse Breitengrade hinaus nicht gestört sein darf.
Indem ich mich zur näheren Betrachtung eines dieser Faktoren, des Blutes, wende, hoffe ich daran den Werth der mechanischen Methode und ihre Anwendbarkeit auf Pathologie zu zeigen, sowie darzulegen, daß die Forschung über Krankheit und Heilung absolut einen dreifachen Weg gehen muß. Der erste ist der der Klinik: die Untersuchung des Kranken mit allen Hülfsmitteln der Physik und Chemie unter oberster Leitung der Physiologie und Anatomie. Der zweite ist der des Experiments: die Erzeugung der Krankheit und die Erforschung der Wirkung eines Arzneimittels am Thier. Der dritte endlich ist der der Mikroskopie: das Studium des Leichnams und seiner einzelnen Theile mit dem Skalpell, dem Mikroskop und dem Reagens.
Das Blut ist ein flüssiges Gewebe, von den festen Geweben z. B. den Epithelialbildungen nur durch die Consistenz *seines* ⟨des⟩ Bindemittels, welches seine Zellen zusammenhält, unterschieden. Dieses flüssige Bindemittel, Plasma genannt, enthält Salze, Fette, Extraktivstoffe und Proteinverbindungen. Letztere betrachtet man als Zusammensetzungen des Proteins mit Sauerstoff (Proteinbi- und tritoxyd) oder mit Schwefel, Phosphor und Salzen (Eiweiß und Faserstoff). Die körperlichen Theile des Blutes, die Blutkügelchen, sind einfache, kernlose napfförmige, *rothgefärbte* Zellen, gefüllt mit einer rothgefärbten, Eisenhaltigen Eiweißverbindung, deren nähere Verhältnisse unbekannt sind. Von den außer ihnen vorkommenden, farblosen Zellen, den
[S. 21] sogenannten Lymphkörperchen/weiß man so wenig etwas Genaueres, als von den Extraktivstoffen.

Indem ich zu einigen Beziehungen der körperlichen Theile des Blutes übergehe, verweile ich nicht bei den Triumphen, welche die Chemie gefeiert hat, als sie ihren Gegnern nachweisen konnte, daß bei der Chlorose die Menge der Blutkörperchen um mehr als ein 1/3 abnimmt, beim Eisengebrauch aber die Eisenführenden Theile des Blutes, die Körperchen, sich schnell mehren; gedenke auch nicht näher der pyämischen Blutkrase, deren Kenntniß erst mit dem Anbau der pathologischen Anatomie gewonnen ist. Die innerlichen Mittel, welche man bei Blutungen anwendet, sind bekanntlich außer den adstringirenden und roborirenden Vegetabilien hauptsächlich Mineralsäuren und Salze. Die Mineralsäuren kommen im Blute gleichfalls als Salze, namentlich Natronsalze vor, obwohl man längere Zeit gemeint, sie cirkulirten als Säuren im Körper — eine Idee, auf die hin man Salpetersäure bei Morbus Brightii anwendet! Nun giebt man bei Haemoptoë, wo Eile Noth thut, Kochsalz; man heilt Purpura haemorrhagica mit Bittersalz und man rühmt bei der erblichen Bluterkrankheit Glaubersalz. Die neuere materia medica stimmt mit der alten darin überein, daß diese Salze das Blut verflüssigten. Sollte man da nicht eher eine Vermehrung der Blutungen erwarten? Der scheinbare Widerspruch hebt sich durch folgende Betrachtung: Es giebt kein so feines Filtrum, durch welches man die Blutkörperchen vom Plasma trennen könnte. Während kleinere Körper z. B. Niederschläge von Kalk, dessen Partikeln um das 10. und 20.fache kleiner sind, mit der größten Leichtigkeit auf dem Filter gesammelt werden, fließen die weit größeren Blutkörperchen mit durch. Versetzt man aber Blut mit einer gesättigten Salzlösung z. B. von Glaubersalz, so gelingt die Operation. Das Mikroskop zeigt den einfachen Grund dieses seltsamen Phänomens. Die
[S. 22] Blutkü/gelchen sind Zellen von der allergrößten Volubilität; ihre Wandungen sind ebenso zart, als ihr Inhalt beweglich. Jede Veränderung des Fluidums, in dem sie sich befinden, verändert ihre Beschaffenheit nach den physikalischen Gesetzen der Endosmose und Exosmose. Je wässeriger das Fluidum, um so mehr blähen sie sich auf, bis sie endlich zergehen; je concentrirter, namentlich je reicher an Salzen, um so mehr schrumpfen sie ein; ihre glatte Oberfläche wird höckerig und eckig, ihre Beweglichkeit verliert sich. Es ist also die physikalische Eigenschaft der Volubilität, welche ihr Durchgehen durch das Filtrum und durch die kleinsten Gefäßrupturen bedingt; die Aufhebung dieser Eigenschaft durch Salzzufuhr hält sie zurück. Ich habe einmal mit Franz Simon das Blut einer Kranken untersucht, die an der famosen Blutverdünnung, die man Peliosis rheumatica genannt hat, litt. Obwohl mir damals diese Betrachtungsweise noch nicht in den Sinn gekommen war, so ist mir die enorme Beweglichkeit der Blutkügelchen, welche sich zu den seltsamsten Formen auszogen, doch stets erinnerlich geblieben. Einwürfe gegen diese Ansicht, die man vom Seeskorbut hernehmen möchte, widerlegen sich durch die Angaben von Busk und Williams; in

Beziehung auf den Landskorbut ist namentlich die Beobachtung des Dr. Novellis von Alexandrien wichtig, der, als er die ursächliche Beziehung des Meersalzes zu demselben bei Gefangenen prüfte, zu seinem Erstaunen eine Besserung derselben bei dem Gebrauche eintreten sah.*

[S. 23] /Viel mehr als die Blutkörperchen hat von jeher der Faserstoff, namentlich die Speckhautbildung die Aufmerksamkeit der Aerzte auf sich gezogen. Unsere Kenntniß von der physiologischen Bedeutung des Faserstoffes ist aber noch immer höchst lückenhaft. Der alten Ansicht gegenüber, daß der Faserstoff das eigentliche Lebenselement, die Quelle aller organischen Bildung sei, hat Zimmermann mit manchem guten Grunde denselben als den excrementiellen Bestandtheil des Blutes darstellen wollen. Mulder und Scherer haben uns gelehrt, daß das, was wir als Faserstoff auffassen, sehr verschiedene
[S. 24] chemische Constitution hat; Denis,/daß sich schon der Faserstoff des venösen Blutes von dem arteriellen durch seine Löslichkeit in Salpeterwasser unterscheidet, was ich nach eigener Untersuchung auch für das menschliche Blut bestätigen kann. Wir wissen ferner, daß Eiweiß, Faserstoff und Käsestoff nur verschiedene Verbindungen eines einzigen organischen Radicals, des Proteins, sind, die sich durch chemische Operationen in einander überführen lassen. Bei dem Mangel und der immensen Schwierigkeit hierher gehöriger Blutuntersuchungen, sowie bei dem warnenden Beispiel mancher Oxyproteinjäger kann man indeß vorläufig die durch spontane Gerinnbarkeit charakterisirten, in geronnenem Zustande morphologisch gleichen Körper, die wir Faserstoff zu nennen gewohnt sind, noch als eine Einheit auffassen. Die Vermehrung des Faserstoffes hat man bekanntlich als Haupt-Eigenschaft des entzündlichen Blutes aufgestellt und in die engste Verbindung damit das Phänomen der Speckhaut gebracht. Man wußte andererseits längst, daß das letztere auch bei Anämie und Schwangerschaft vorkomme, allein es war den Thierärzten vorbehalten, die Unabhängigkeit desselben von der Entzündung als solcher bestimmt anszusprechen. Nachdem Delafond in Alfort die Regelmäßigkeit der Crusta bei Pferden festgestellt hatte, zog Hayne in Wien aus zahlreichen Beobachtungen den Schluß, daß diesselbe bei Thieren stets ein Zeichen der asthenischen, von ihm faulig genannten Constitution sei.

Die Bildung der Speckhaut ist abhängig von der Gerinnung des Faserstoffs und der Senkung der Blutkörperchen. Haben letztere Zeit, sich vor der Zusammenziehung des Fibrins bis zu einer gewissen Tiefe zu senken, so entsteht eine von Blutkörperchen freie Schicht auf der Oberfläche des Kuchens. Abgesehen nun von den äußeren Verhältnissen des Aderlasses und von der oft langsamen Gerinnung des Faserstoffes ist die schnellere oder langsamere Senkung der Blutkörperchen abhängig
[S. 25] von/ihrer Zahl, von ihrem Gewicht im Verhältniß zu dem Plasma, und von ihrer Form, insofern sie nur so lange, als sie rund und platt sind, die Eigenschaften besitzen, sich mit ihren Flächen zu langen Rollen aneinander zu legen. Diese Bedingungen sind vereinigt in einem Blut, wo eine Verminderung der Blutkörperchen mit einer Vermehrung des Wassergehalts bei nicht zu geringen Faserstoff Mengen coincidirt; wir finden sie in nicht seltenen Fällen der Chlorose, in den späteren

---

[S. 22] /* Die neue Ansicht über diesen Gegenstand, welche ich aufzustellen wagte, ist gerechtfertigt durch die völlige Unhaltbarkeit der alten; sie ist nicht positiv bewiesen, allein der Beweis ist vorläufig naturwissenschaftlich ausreichend, da er, von den wirklichen Erscheinungen ausgehend, dieselben auf bekannte Gesetze zurückführt. Die angeführten Salze nutzen in Zuständen, wo die Blutkügelchen, ihre Kanäle verlassend, die thierischen Membranen durchdringen. Indem ich statt dieser Membranen ein feines Filtrum substituire, zeige ich,
[S. 23] ⟨daß die Blutkügelchen⟩ dasselbe gleichfalls durchdringen, daß der Zusatz von Salzen diesen Vorgang/aufhebt und daß alle diese Phänomene einen einfachen physikalischen Grund haben. Man hat, von dem Skorbut als dem Typus, ich möchte sagen, als dem imaginären Centrum aller hierher gehörigen Krankheiten ausgehend, den Gedanken von einer Blutzersetzung, von mangelnder Gerinnbarkeit, ja an fauliger Gährung auf alle übrigen hämorrhagischen Zustände übertragen. War doch der Skorbut zu allen Zeiten das Bollwerk der Humoralpathologie gewesen! Aber man hat vergessen, daß nach der berühmten Weltumseglung Cook's gerade dieß Bollwerk der Angriffspunkt für die englischen Solidarpathologen geworden war. Kein neuerer Beobachter hat den Mangel des Faserstoffes, die Produkte der Zersetzung im skorbutischen Blut nachweisen können; Busk hat sogar in 3. Fällen eine derbe Speckhaut bei einer absoluten Vermehrung des Fibrins gefunden, und ich untersuchte vor einiger Zeit die Leiche eines Skorbutischen, dessen Gefäßsystem voll langer und fester Coagula, dessen größere Höhlen voll fibrinhaltiger Exsudate waren. Nimmt man dazu, daß Polli ein Blut beobachtet hat, dessen Gerinnung erst am 7.ten Tage begann und bis zum 15.ten fortdauerte, so wird man zugestehen müssen, daß die ganze Lehre von den hämorrhagischen und skorbutischen Krankheitsprozessen einer neuen Bearbeitung bedarf. Hier genügte es, für die therapeutischen Phänomene einen allgemeinen Gesichtspunkt aufzustellen, unter dem sich zwei Prozesse zusammenfassen lassen.

Monaten der Schwangerschaft, in Entzündungen nach geschehener Exsudation, und wir bringen sie willkürlich durch wiederholte Aderlässe hervor. Die Speckhaut ist mithin weder ein Zeichen der Entzündung als solcher, noch ein Beweis der absoluten Vermehrung des Faserstoffgehaltes im Blute.

Die Entzündung ist in den letzten Jahrzehnten nach ontologischen Begriffen als eine Hämatose, als ein primäres Blutleiden aufgefaßt worden. Die Chirurgie, von der Anschauung der einfachen traumatischen Entzündung ausgehend, hat diese Vorstellung nie in sich aufnehmen können. Freilich scheinen Blutkrasen vorzukommen, die im Bereich des Gefäßsystems selbst entzündungsartige Vorgänge hervorrufen, allein die Entzündung als solche ist ein rein örtlicher Prozeß, dessen Bedingungen leider nicht so klar sind, wie seine Erscheinungen. Auf einen örtlichen Reiz tritt, nach vorgängiger Zusammenziehung eine Erweiterung der Capillaren ein, in denen das Blut anfangs langsam fließt, endlich stockt und Serum, Plasma oder seine ganze Flüssigkeit als Exsudat in das Parenchym oder die Höhlen der Organe ergießt. Nun ist aber nicht von vorn herein eine phlogistische Krase da, denn wie soll jemand, der z. B. durch den Hufschlag eines Pferdes gegen den Unterleib in eine peritonitis verfällt, plötzlich ein entzündliches Blut bekommen? Erst die
[S. 26] Blutstase und das Exsudat machen die Krase./Ist das entzündete Organ unfähig zur Aufnahme größerer Exsudatmassen, so wird auch die zunächst entstehende Blutalteration nicht bedeutend sein. Wolff sah nach Lauer's Zeugniß auch bei den heftigsten Hirnentzündungen nie eine Speckhaut. Bekanntlich sind es namentlich die so schnell große Exsudate setzenden Entzündungen der Pleura, bei denen die Speckhaut (crusta pleuritica) am größten ist. Diese Exsudate bestehen aber hauptsächlich aus Wasser, in dem Eiweiß, Faserstoff und Salze gelöst sind; meist tritt zugleich ein Theil der Blutkügelchen mit aus, während ein anderer in den erweiterten Gefäßen stockt. Die nächste Folge ist nun eine bedeutende Verminderung des Wassers im Blute, eine mäßige der festen Bestandtheile, also eine relative Vermehrung der letzteren. Das ist das gewöhnliche Ergebniß der ersten, frühzeitigen Venäsection. Das Wasser wird aber schnell wieder ersetzt, denn die durstigen, fiebernden Kranken trinken viel und ihre Sekretionen sind sparsam; die Blutkörperchen, deren Bildung eben so langsam, als ihr Bestehen dauernd zu sein scheint, und deren Zahl durch den ersten Aderlaß noch mehr gesunken ist, bleiben vermindert, während auf eine noch unbekannte Weise der Faserstoff sich bald regenerirt, ja über die Norm steigt. Das Resultat dieser Vorgänge ist eine Vermehrung des Wassers und Fibrins bei gleichzeitiger Verminderung der Blutkörperchen — das gewöhnliche entzündliche, speckhäutige Blut der späteren Aderlässe. Während demnach Rokitansky und Engel gezeigt haben, daß ein großer Theil der Exsudate, namentlich die specifisch genannten, von der Blutkrase abhängen, dann aber auch ihrerseits secundäre Krasen hervorrufen, müssen wir bei der Ansicht stehen bleiben, daß selbst sogenannte primäre Blutkrasen durch das Exsudat bedingt sein können. Die Disposition zu Phlogosen liegt weniger in dem Blut, als in den
[S. 27] Organen. Wie sollte man/denn auch erklären, daß eine Enterobrose bei Typhus Bauchfellentzündung hervorruft? Daß aber dieses Gesetz von der Bedeutung der Exsudate auch weiterhin seine Anwendung findet, beweisen die Hydropsien, in denen das Blut bei steigender Ausschwitzung an festen Bestandtheilen reicher wird. Sieht man doch bei Hydropischen Entzündungen seröser Häute mit plastischem Exsudat, während ihr Blut eine Speckhaut bildet. Ich habe das Blut eines Kranken untersucht, der nach Fiebertumoren wassersüchtig auftrieb; es bildete einen großen, festen Kuchen mit derber Speckhaut, und zeigte die unerhörte Vermehrung der festen Bestandtheile bis auf 1/3 des ganzen Blutes. Aderlässe wirken aber, wie Exsudate, die das ganze Blut erschöpfen. Die Untersuchungen von Lauer, Magendie, Andral und Gavarret, Nasse und Simon beweisen das hinreichend. Demnach ist der empirisch gestützte Lehrsatz Skoda's, als Indikation zum Aderlaß in Pneumonien nur heftige Dyspnoe und lebhaftes Fieber zu betrachten, kein theoretischer Widerspruch, wie einige gemeint haben; die Bildung einer Speckhaut ist in keiner Weise eine Aufforderung zu einer neuen Venäsection. Die Versuche von Polli und Castiglioni sind hierher bezüglich.*

[S. 27] /* Die hier entwickelte Ansicht von dem entzündlichen Blut war so lange unmöglich, als man die Exsudation als den Ausgang einer Entzündung betrachtete. Exsudat gehört aber durchaus zu dem Wesen der Entzündung; Entzündung ohne Exsudat existirt nicht, und es ist ein unglücklicher Irrthum gewesen, von dem Ausgange einer Entzündung in Exsudation zu reden. Dieser Irrthum ist leicht begreiflich in einer Zeit, wo man das

[S. 28] /Der letzte Punkt, den ich berühre, sind die Fette des Blutes. Die Fette scheinen im Allgemeinen einem dreifachen Zweck im Organismus zu dienen, wenn man von ihrer Bedeutung für die Schönheit der Form und die Beweglichkeit der Glieder absieht. Sie sind eine Hauptquelle der thierischen Wärme, welche sie als schlechte Wärmeleiter im Körper zurückhalten, und als vorzügliche
[S. 29] /Respirationsmittel durch ihre Verbrennung in den Lungen fort und fort neu erzeugen. Sie sind ferner, wie nach Lehmanns Untersuchungen bei der Milchgährung, so bei der Verdauung, beim Stoffumsatz und bei der Zellenbildung durchaus nöthig, und kommen daher nicht bloß stets mit den einzelnen Proteinkörpern zusammen vor, sondern finden sich auch in großer Menge im Vogelei. Sie bilden *ferner* ⟨endlich⟩ einen wesentlichen Bestandtheil in der Zusammensetzung der Nervensubstanz, vorzüglich des Gehirns. Die Fette sind, wie die Proteinkörper, durch die ganze organische Schöpfung verbreitet; nur ein Fett ist für den Thierkörper charakteristisch, ist ein ihm eigenthümliches Erzeugniß – das Gallenfett oder Cholesterin. Die Centralorgane des Nervensystems sind seine Lagerstätten; das Blut führt kleine Quantitäten davon, die in der Galle ausgeschieden werden. Leider ist es noch wenig gekannt, da Chemie und Medizin es gleichmäßig hintenangesetzt haben.

Das Fett, insofern es nicht abgelagert oder zur Zellenbildung verwendet wird, findet seine Vernichtung in den Lungen oder seine Ausscheidung in der Leber. Werden nun aber andere karbonreiche, zur Oxydation vorzugsweise geeignete Respirationsmittel in den Körper gebracht, so bleibt das Fett zurück und häuft sich theils im Blut, theils in einzelnen Organen an. Solche
[S. 30] Substan/zen sind *aber* vor allem Vegetabilien aus der Stärkereihe und geistige Getränke. Säufer verhalten sich wie Mastgänse. Nun hat Persoz gezeigt, daß das Blut der letzteren reicher an Fett wurde, während die Proteinkörper, namentlich das Eiweiß ihre Eigenschaften änderten, und die Leber, stets wachsend, sich mit Fett füllte. Aehnliches weiß man von den Säufern. Allein die Praktiker haben sich meist damit begnügt, als die für Säufer charakteristische Krankheit das Delirium

---

Mikroskop noch nicht kannte, wo man also primäres und metamorphosirtes Exsudat noch nicht unterscheiden konnte. Eiterung kann der Ausgang von Entzündung sein, denn es giebt keine eitrigen Exsudate, sondern nur Exsudate mit einer Neigung zur Umbildung in Eiter. Alle Exsudate sind von
[S. 28] vornherein formlos, und erst nach kürzerer oder längerer/Zeit beginnt in ihnen Zellenentwicklung der verschiedensten Art. – Der Gedanke, daß das Exsudat gleich der Differenz zwischen normalem und entzündlichen Blut sei, das letzteres also durch das Weggehen des Exsudats aus dem normalen Blut entstehe, gebührt Henle (Zeitschr[ift] für rat[ionelle] Mediz[in,] II. p. 118)[1]. Wunderlich (Pathol[ogische] Physiol[ogie] des Blutes p. 104)[2], indem er diese Annahme bekämpft, bleibt bei dem allerdings richtigen Einwurfe stehen, daß die Zunahme des Faserstoffes sich dadurch allein nicht erklärt. Diese Zunahme wird sich überhaupt erst dann genügend erklären lassen, wenn wir etwas Bestimmteres über die Bildung des Faserstoffes überhaupt wissen werden. Henle hat aber einen anderen, viel größeren Fehler begangen, indem er gegen die gewöhnliche Ansicht eine Verminderung des Wassers im entzündlichen Blute auch der späteren Aderlässe nachweisen wollte. Er nimmt Blutanalysen von Lauer, Andral und Gavarret, Simon, zieht die Blutkörperchen – Chiffre von der ganzen Menge ab, und indem er den erhaltenen Rest als Plasma betrachtet, berechnet er die übrigbleibenden Bestandtheile (Wasser, Faserstoff pp.) für 1000 Th[eile]. Zuvörderst muß man aber berücksichtigen, daß sich Simon's Angaben nur auf das Hämatoglobulin d. h. die festen Bestandtheile der Blutkörperchen beziehen, während die von Andral und Gavarret auf einer vollständig unsicheren Berechnung beruhen. Da aber die Blutkörperchen doch auch einen sehr bedeutenden Wassergehalt haben, so wäre dieser in einem solchen Calcül nicht zu übersehen gewesen. Allein selbst die Art der Rechnungsmethode zugegeben, so sieht man doch, daß das Resultat ein ganz anderes ist, wenn man die ganze Blutmasse in Rechnung zieht. Oder sollte Henle annehmen, daß in der Entzündung eine absolute Abnahme
[S. 29] der Blutmasse im Körper stattfindet? Enthält Blut von Metro/phlebitis 42,08 (Hämatoglobulin) Blutkörperchen per M[ille], so werden 24 Pf[un]d Blut (als die ganze im Körper vorhandene Menge) etwas über 1 Pf[un]d enthalten; es bleiben also beinahe 23 Pf[un]d Plasma. Das Plasma nach Henle's Berechnung hat 873 p[er] M[ille] Wasser, also 23 Pf[un]d etwa 20 Pf[un]d Wasser. Normales Blut 109,231 p[er] M[ille] Blutkörperchen, also 24 Pf[un]d 2,6 Pf[un]d, es bleiben 21,4 Pf[un]d Plasma; das Plasma 892,8 p[er] M[ille] Wasser. also 21,4 Pf[un]d etwa 19 Pf[un]d Wasser, was immer noch eine absolute Zunahme des Wassers in Metrophlebitis-Blut von 1 Pf[un]d giebt, eine keineswegs unbedeutende Quantität, da sie einer Zunahme des Blutwassers um 4 p[er] c[en]t[um] gleich ist. Spritzte man nun aber 1 Pf[un]d Wasser in die Venen, so würde das Blut 20 Pf[un]d Wasser enthalten; Henle würde aber durch seine Rechnung beweisen können, daß der Wassergehalt des Blutes abgenommen hätte. Berechnet man die Simonsche Analyse von chlorotischem Blut (Med[icinische] Chem[ie] II. p. 207.)[3], wo sich die größte Zunahme des Wasser's, nämlich 871,5 p[er] M[ille] = 76,2 mehr als in normalen Blut vorfand, nach Henle, so enthält man nur 8 [?] p[er] M[ille] Wasser mehr, als er für das normale Blut angiebt.

tremens aufzufassen. Das Del[irium] trem[ens] ist keine Krankheit, sondern nur eine Episode in einer Krankheit.
Alkohol, in den Körper eingebracht, wirkt nach 2. Richtungen. Als mächtiges Reizmittel primär für die peripherischen Ausstrahlungen des Vagus, sekundär für die Centralorgane des Nervensystems bringt er bei anhaltendem Genuß eine chronische Reizung dieser Theile hervor, welche freilich nach der Art des Getränkes differirt, am entschiedensten aber bei dem Brantwein hervortritt. Alsbald gelangt nun der Alkohol in die Cirkulation, um in den Lungen verbrannt zu werden. Als ein sehr leicht umsetzbarer Stoff beeinträchtigt er hier die Oxydation und vielleicht die Imbibition der Blutkörperchen mit Sauerstoff. In Folge dessen häufen sich die Fette an, und die metabolische Einwirkung der Blutkörperchen auf die Proteinkörper des Blutes wird gehindert, ja es scheint sogar in den schlimmsten Fällen zu einer theilweisen Auflösung der Blutkörperchen zu kommen. Daher ist das Blut der Säufer tief dunkel, in dünnen Schichten eigenthümlich kirschroth gefärbt, die Gefäßhäute sind damit stark roth imbibirt, so daß sie oft wie lakirt aussehen; die Faserstoffgerinnsel, wenn sie sich bilden, haben eine gesättigte Fleischfarbe. Meist gerinnt das Blut aber nur zu weichen, leicht zerreibbaren, theerartigen Klumpen, zwischen denen man Tropfen von freiem Fett, das doch sonst an die Proteinkörper gebunden ist, schwimmen sieht, ein widerlich ranziger Geruch ist deutlich
[S. 31] wahr/nehmbar. — Das Fett lagert sich nun an einzelnen Stellen des Körpers, zunächst unter den Häuten, in großen Massen ab. Es sind namentlich der panniculus adiposus, das Netz, die Nierenkapsel und die Platten des Mesenteriums, «des mediastinum anticum» und der seröse Ueberzug des rechten Herzens, die sich damit füllen; ja, ich habe es sogar in Adhäsionen der Pleura gefunden. Ebenso regelmäßig steckt das Fett in den Drüsenzellen der Leber, die allmählich bis zum Zerplatzen damit gefüllt werden können. Die Funktion dieser Zellen, die Absonderung der Galle, wird gestört, und es leidet daher die Digestion, die schon durch die Läsion der Nervencentren und des vagus beeinträchtigt war. Welchen Einfluß die Retention der Fette im Blut auf die Nervencentren selbst ausübt, deren Integrität jedenfalls einen nicht unbedeutenden Umsatz der in ihnen vorhandenen Fette voraussetzt, läßt sich noch nicht absehen; jedenfalls scheint der Ausbruch des Del[irium] trem[ens] gewöhnlich nicht durch die Blutintoxikation für sich bedingt zu sein. Vielmehr tauchen die Erscheinungen des Säuferwahnsinns in den meisten Fällen nach einer plötzlichen Enthaltsamkeit von geistigen Getränken, oder nach der Einwirkung heftigerer Noxen, die entweder das Gehirn selbst, oder auch andere Körpertheile treffen, auf. Im ersten Fall fehlt plötzlich der gewohnte Reiz, welcher das Nervensystem vor den Angriffen des Blutes schützte; im zweiten wird das Gehirn durch irgend welche Ursache in einen Zustand der Resistenzlosigkeit (Impressionabilität) gesetzt. Bei diesem Zustande des Gehirns werden durch die Blutkrase 2. Symptomengruppen hervorgerufen. Die eine von diesen, die Delirien, hat man lange genug auf eine Entzündung des Gehirns oder seiner Häute bezogen, aber außer den Erscheinungen der Congestion nie etwas auf dem Sektionstisch gefunden;
[S. 32] es ist aber die Blutintoxikation, welche jene Reihe von Erscheinungen hervorruft,/die sich hauptsächlich als Sinnestäuschungen darstellen. Die andere Gruppe, das Zittern, die Carpologie, der schwankende Gang, die Hastigkeit und Unsicherheit der willkürlichen Bewegungen ist der Ausdruck des gestörten Muskel-Antagonismus und eines Mangels an Tonus, abhängig von dem gelähmten Einfluß der medulla oblongata und der Hirnganglien. Bei diesen Erscheinungen von Irritation ist demgemäß das therapeutische Problem, mag man Opium, oder anhaltende Bewegung oder was sonst in Anwendung ziehen, die Hervorrufung von Schlaf, um durch die anhaltende Ruhe die Impressionabilität des Gehirns zu vermindern. Man hat den Schlaf mehr geistreich, als wahr die psychische, die Hirnkrise genannt. Sind aber die krankmachenden Momente entfernt, kritisch ausgeschieden? Nein — das Blut ist unverändert, nur die Resistenzlosigkeit des Gehirns existirt nicht mehr in dem früheren Maaße. Das defibrinirte Blut ist nicht zur Ernährung der Muskeln tauglich — es bleibt Schwäche, Ermattung, Kraftlosigkeit zurück; das fettentartete Herz, an dem häufig sogar die Muskelfasern degeneriren, vermag keine kräftige Contraktion zu vollziehen — die Cirkulation bleibt träge und unkräftig; die fettgefüllte Leber sondert keine normale Galle ab — Dispepsie mit dem ganzen Heer sonstiger Digestionsstörungen dauert an. Die Nerventhätigkeit gewinnt selten ihre alte Energie wieder; häufig bleiben unheilbare Formen von Geisteskrankheiten zurück. Selbst die Knochen leiden; Nasse fand eine Verminderung der knorpeligen Grundlage bei einer Vermehrung ihres Fettgehalts um das Vierfache.
Bald mit dem Del[irium] trem[ens] coincidirend, bald unabhängig davon auftretend sehen wir ein

anderes, dem Säuferskorbut angehörendes Uebel; ich meine jene so verderbliche Form der Pneumonie. Diese Pneumonien sind im Allgemeinen so unabhängig von den meteorologischen Verhältnissen,
[S. 33] ihr Verlauf ist so akut, und ihre Behandlung muß so eigenthümlich sein, daß ich/den Versuch nicht scheue, zu ihrer Erklärung einige neuere Erfahrungen zu Hülfe zu nehmen. Gluge und Thiernesse in Brüssel haben kürzlich durch eine Reihe von Versuchen die Existenz einer fettigen oder öligen Lungenentzündung nachgewiesen. Hunde, Ziegen und Kaninchen, längere Zeit mit großen Dosen von Olivenöl und Leberthran neben ihrer gewöhnlichen Nahrung gefüttert, zeigten nach ihrem Tode, der unter den Erscheinungen einer sehr gestörten Respiration erfolgte, ein schwarzes, syrupartiges, nur wenig geronnenes Blut, mit vielen Oeltropfen gemischt, und namentlich im rechten Ventrikel, dessen Wandungen stark imbibirt waren, angehäuft. Die Lungen waren stets hepatisirt; das Exsudat enthielt außer Entzündungskugeln immer eine große Menge freien Fettes, und die aus Einschnitten ausfließende Flüssigkeit war braunroth, ins Graue ziehend, blutig-ölig. Der Umfang der Hepatisation entsprach der Menge des dargereichten Oels. Fettige Infiltration der Leber und Nieren bestand daneben. – Wenn wir nach drastischen Mitteln enteritis, nach diurese nephritis entstehen sehen, so wird es wohl nichts Auffallendes haben, daß bei einer fettigen Blutkrase die Lungen, in denen die Zersetzung der Fette und die Ausscheidung der dadurch entstehenden Produkte erfolgt, entzündet werden. Möglich, daß auch eine mechanische Stase des Blutes in den Gefäßen stattfindet.*

[S. 34] /Eine dritte Episode, die namentlich im Beginn der Krankheit häufig zu sein, aber nur unter den Tropen heftigere Erscheinungen hervorzurufen scheint, bildet die akute Fettinfiltration der Leber, die man gewöhnlich als Hepatitis zu diagnosticiren pflegt. Aehnlich den lobulären Pneumonien bei Pyämie, findet man hier ziemlich umschriebene Stellen der Leber, soviel ein kleinerer oder größerer Pfortaderast umfaßt, mit einem gelben Fett gefüllt.

Uebersteht ein Säufer diese akuteren Zufälle, so entwickelt sich die chronische Säufercachexie, deren Erscheinungen durch den wechselseitigen Einfluß der leidenden Partien so complicirt werden, daß sie sich bis jetzt noch nicht übersehen lassen. Die hervorstechendsten Erscheinungen gehen in der Leber, im Blut und im Gehirn vor sich. Indem nämlich die Leberzellen sich immer mehr, aber langsam mit Fett füllen, und sich nach allen Seiten ausdehnen, beeinträchtigen sie die Cirkulation des Blutes in den Capillaren mehr und mehr. (Muskatnußleber) Das aus den zuführenden Gefäßen der Pfortader und Leberarterie austretende Plasma, dessen Aufnahme in die Leberzellen mechanisch unmöglich ist, organisirt sich nun in der Interlobulärsubstanz, und während die Capillaren allmählich obliterirt werden, bildet sich ein der Narbensubstanz analoges, sich mit der Zeit verkürzendes Bindegewebe um die intumescirten Läppchen. Durch den combinirten Einfluß dieser beiden Elemente entsteht zuletzt eine kuglige Abschnürung der vergrößerten, fettgefüllten Läppchen, die sogenannte granulirte
[S. 35] oder cirrhotische Leber. Oppolzer in Prag konnte/als Ursache derselben stets den übermäßigen Genuß geistiger Getränke nachweisen; Bang in *Stockholm* ⟨Copenhagen⟩ fand sie 7mal unter 8. bei Säufern. Aus einer Reihe eigener Beobachtungen führe ich nur den interessanten Fall einer exquisiten Cirrhose bei einem Mann von 27. Jahren an, der täglich mindestens 1/2 Quart Brantwein zu trinken gewohnt war.

Aus der Cirrhose resultiren nun zwei Reihen von Erscheinungen. Zuerst die Stauung des Pfortaderbluts, deren Erfolge wir aus Meyer's Versuchen an Thiern kennen: Hyperämie der Milz, des Magens und Darmkanals mit ihren Folgen, unter denen Intestinalblutungen und Wassersucht den höchsten Platz

---

[S. 33] /* Es war schon früher durch Experimente von Segalas und Magendie bekannt, daß Oel, in die Venen eines Thiers gespritzt, den Tod durch Störung der Cirkulation in den Lungen herbeigeführt, und Magendie hatte schon bestimmt von einer öligen Pneumonie gesprochen. Die Versuche von Gluge und Thiernesse scheinen mir aber gerade deshalb so entscheidend zu sein, weil die Mittel nicht mit einemmal auf einem gewaltsamen Wege mitten in die Blutmasse hineingeworfen wurden. Sie experimentirten hauptsächlich mit Hunden d. h. mit Thieren, deren Nahrung der menschlichen am nächsten kommt; sie nährten dieselben mit Fett und zwar
[S. 34] längere Zeit hindurch, brachten also ein denselben nicht fremdes, ein an sich unschäd/liches Nahrungsmittel allmählich und auf dem normalen Wege in die Cirkulation; endlich gaben sie dasselbe neben der gewöhnlichen Nahrung, umgingen daher die vielfachen Uebelstände einer einseitigen Ernährung. Dieser Gang der Untersuchung, diese Art der Resultate scheinen mir zu den vollkommensten und überzeugendsten zu gehören, die wir bisher besitzen. Indem ich sie auf einen unerklärten Punkt der Pathologie anwandte, beging ich keinen Sprung, denn dieselbe allmähliche Zunahme des Fettes findet auch bei Säufern statt; ich führte auch hier nur bekannte Thatsachen auf bekannte Gesetze zurück.

einnehmen. Dann Störung in der Ausscheidung der Galle aus dem Blut, wodurch nicht bloß eine gestörte Verdauung, sondern auch wegen Retention des Abzuscheidenden im Blute eine sekundäre Krase sich entwickelt. Unter diesen Excretionsstoffen zeichnet sich besonders das Cholesterin aus. Ich habe in solchem Blute die Menge des Fetts, das zum großen Theil aus Cholesterin bestand, um das 6. fache des Normalen vermehrt gefunden. Wie früher für das Fett, so bilden sich jetzt für das Cholesterin Ablagerungsstätten. Ich habe seine schönen, rhombischen Tafeln in Fällen von Cirrhose in Nierencysten und in der Flüssigkeit mancher Hydrocelen, in den sogenannten Verknöcherungen und Atheromen der Arterien, in Kröpfen und hypertrophischen Lymphdrüsen wiedergefunden. Scherer machte die merkwürdige Beobachtung eines großen Cholesteatoms in dem Mensenterium bei gleichzeitigem Fehlen des Cholestearins in der Galle. – Ueber die übrigen Veränderungen des Blutes müssen die weiteren Untersuchungen abgewartet werden; die ziemlich regelmäßig mit Cirrhose complicirte Brightsche Nierenentartung scheint wohl auf eine constante Alteration
[S. 36] hinzudeuten./In Beziehung auf die Veränderungen der Gehirnthätigkeit mag es genügen, die hypochondria cum materia zu erwähnen, um uns zu erinnern, daß wir ein unendliches, noch gar nicht angebautes Feld der Spekulation ungerüstet betreten würden. Therapeutische Resultate lassen sich auf diesem Gebiet, dessen Kenntniß sich uns eben erst zu erschließen beginnt, überdieß noch kaum gewinnen. Allein Ordnung und Einheit der Anschauung, Realität des Wissens – sind das nicht die nothwendigen Vorbedingungen für ein vernünftiges, praktisches Handeln? Es ist an der Zeit, der Krankheit auf jeden Schritt, jeder leisen Spur zu folgen; nach dem Gesetz und nach den Mitteln, wodurch es realisirt wird, zu forschen. Freilich ist das Ziel noch fern, aber schon jede Annäherung an das Ziel ist ein fruchtbringender Gewinn. Preußen's Militärärzte aber, im Besitz der Bildungsmittel, welche das Friedrich-Wilhelms-Institut und die Charité ihnen bieten, haben die Gelegenheit, also auch die Verpflichtung zu solcher Forschung; jeder Beitrag zu einer wissenschaftlichen Geschichte der Krankheit, jede Entdeckung eines gesetzmäßigen Zusammenhanges zwischen den Principien der Physiologie, der Physik und Chemie, und den Problemen der Pathologie und Therapie ist ein Tribut, dem Andenken Görcke's dargebracht. –

II. Am 2. ten August 1845.

Erinnerung an die Stiftung vor 50. Jahren. – Die Nothwendigkeit einer Bearbeitung der Medizin vom mechanischen Standpunkt, erläutert durch das Beispiel der Venenentzündung.[4]

In den letzten Decennien des vorigen Jahrhunderts, jener Zeit der Umwälzungen, welche überall den Geist der Kritik und der Naturanschauung entfesselte, wo man im religiösen, politischen und socialen
[S. 37] Leben, wie in der Wissenschaft das Vorhandene bis zu seinem letzten erkennbaren/Quellen verfolgte, und es der strengen Mahnung Kant's bedurfte, daß man nicht die Grenzen der menschlichen Erkenntniß für unendlich gehalten hätte: damals begann auch die Emancipation der Naturwissenschaft aus den Händen der Aerzte, welche in wenig Jahrzehnten Früchte getragen hat, wie man sie sonst nur nach Jahrtausenden zu pflücken gewohnt *war*. Der erste deutsche Physiolog, Haller, war der letzte jener alten, alles umfassenden Aerzte gewesen. Schon hatten Jussieu und Buffon in Frankreich die Reihe der selbständigen Forscher in der Naturwissenschaft eröffnet; die bald so blutig unterbrochen wurde, als Lavoisiers edles Haupt der Revolution zum Opfer fiel. In Deutschland geschahen die ersten Schritte von unerwarteter Seit her. Von der Rheincampagne zurückgekehrt, war es Göthe, der sich mit neuem Ernst den Naturstudien zuwandte, und es währte nur kurze Zeit, als man seit Aristoteles zum erstenmal wieder ein großartig bearbeitetes System der Naturphilosophie erwachsen sah. Alexander von Humboldt begann damals seinen Triumphzug durch alle Sphären des menschlichen Wissens, und seine erste bedeutende Thätigkeit war das Studium der Einwirkung physikalischer Agentien auf den lebenden Körper. Alle heutige Forschung findet hier ihren Ausgangspunkt.
Das war eine schöne Morgendämmerung, in der Görcke seine Stiftung begründete. Und doch, welche Nebel müssen da wieder aufgestiegen sein, daß alles Licht, welches bald der große Berzelius ausgoß, dieselben nicht durchbrechen konnte![5] Jahr auf Jahr verging, mancher Wechsel der medicinischen Systeme bewegte die ärztliche Welt, allein unsere Anstalt hat nie aufgehört, ruhig ihre praktische
[S. 38] Bestimmung zu verfolgen. Nachdem sie den Annahmen Brown's/und den Träumen Mesmer's ihre

Opfer gebracht, hat sie die Spekulationen der naturphilosophischen, naturhistorischen und christlich-mystischen Schulen an sich vorübergehen sehen. Ihre Zöglinge bekämpften mit scharfen Waffen und mit glücklichem, wenn auch später vergessenem *Waffen* Erfolge das trügerische Spiel der Homöopathie, und es bedurfte des Versuchs einer wissenschaftlichen Begründung der Wasserheilkünste, um wenigstens die Hoffnung auf eine einstige Entwicklung dieser Lehre in ihnen zu erhalten.

Die Zeit hat jetzt neue, und wie es scheint, ernstere Aufgaben gebracht; alles ringt zu neuem Tage.[6] Die Medizin von 1795. existirt nicht mehr, es sei denn bei einer gewissen Klasse heilkünstlerischer Laien, von denen das gilt, was Berthold Auerbach von dem Schwarzwalder Chirurgus erzählt: „Der Schloßbauer fühlte sich auf das von Brönner verordnete Mittel zufällig etwas besser, und nun sprach dieser oft davon, daß er eigentlich ein besserer Doktor sei, als der Physikus, daß aber das Gesetz ihm die Ausübung verbiete. Er schalt dann auf die Herren, die da meinen, nur einer, der viel Bücher im Kopf habe, sei gescheit, die „Praxi" (wie er es nannte) mache den Meister, ein Bauer, der die Welt kennt, verstünde oft mehr von der Regierung, als alle Minister und Landvögte, und so sei es auch meistens bei der Medizin, die „Praxi" mache den Meister."[7] — Die Medizin von 1845. strebt dahin, sich als eine angewandte Naturwissenschaft wieder den Platz zu erringen, der ihr vermöge der Würde und der Bedeutung ihres Objektes, des Menschen, wohl gebührt; die Einigung der Medizin mit den übrigen Naturwissenschaften ist die große Frage der ärztlichen Gegenwart. Freilich fehlen die Gegner
[S. 39] nicht. Man hat gesagt, dieß Streben sei größer als die Erfolge, und es ist mehr, Erfolge, wie sie/die mechanische Medizin verlangt, Erfolge, wie nur die minutiöseste Genauigkeit, der ausdauerndste Fleiß, die fortlaufende Beobachtung, der wiederholte Versuch sie zu erringen vermögen, sind leider seltener, als geistreiche Spekulationen, groteske Vergleichungen und blühende Hypothesen. Es ist ferner der Vorwurf des Materialismus, der traditionell auf den Aerzten lastet, in der jüngsten Zeit von jenen Gegnern auf die mechanische Medizin gewälzt worden,[8] weil diese in nicht naturwissenschaftlichem Sinne das Vorhandensein von Kräften, die eine eigene Existenz und eine reale Wirkungsfähigkeit hätten, in der ganzen belebten und leblosen Natur läugnet, und das Wort Kraft überhaupt nur als einen Bequemlichkeitsbegriff für das Gesetz, welches sich in dieser oder jener Reihe von Erscheinungen ausspricht, gelten läßt. Allein die Gegner vergessen, daß sie selbst bei der Annahme einer eigenthümlichen Lebenskraft nur einen Schritt weitergegangen sind, als die griechische Mythologie; daß sie, anstatt jedem Baum seine Gottheit zu geben, eine Nebelgestalt hineingesetzt haben, von der sie selber nicht wissen, wofür sie sie eigentlich halten sollen. Ist man doch in der Personifikation jenes abstrakten Begriffs „Lebenskraft" soweit gegangen, daß noch in den jüngsten Tagen die Abhängigkeit dieses mystischen Wesens von der Erziehung und Kleidung, vom Essen und Trinken ausgesprochen ist! Die Lebenskraft genügt nun einmal für alle Bedürfnisse; man braucht nicht einmal mehr eine Seele. Früher lenkte die Seele von dem etwas steinigen Sitze der Zirbeldrüse den Organismus; noch früher wurde sie in den Hirnhöhlen abgesondert; jetzt spricht man gar nicht mehr von der Seele, sondern von der geistigen Thätigkeit als der Funktion des
[S. 40] Gehirns. Die mechanische Medizin verleugnet die See/le nicht; aber sie hat sie von dem unklaren Begriffe einer Kraft, und von der überflüssigen Leitung der Lebenserscheinungen entbunden; das Gehirn ist ihr nur das Organ, durch welches die Thätigkeiten der Seele äußerlich werden, zum Bewußtsein kommen. Selbst die Therapie ist leider von jenem blinden Materialismus nicht freigeblieben. Die Lebenskraft, insofern sie zur Wiederherstellung der Gesundheit wirksam sei, nannte man Naturheilkraft und den Arzt proklamirte man als den Diener der Natur. Fragt man aber, was dieser vieldeutige Ausdruck der Natur hier bedeuten solle, ob Gott oder Welt oder Fatum oder wieder Kraft, so bekommt man keine Antwort. Es ist freilich sehr bequem, die Heilung der Kranken der „Natur" zu überlassen, aber es wäre diesen gewiß viel zuträglicher, wenn man ihnen zu Hülfe käme, vorausgesetzt, daß man es verstünde.

Wenn übrigens die mechanische Medizin die Erscheinungen des Lebens auf allgemein gültige physikalische oder chemische Gesetze zurückzuführen strebt, so kann sie nicht daran denken, den Grund dieser Erscheinungen mechanisch erklären zu wollen. Die Resultate der neueren geologischen Forschungen zeigen hinlänglich, daß eine Reihe auf einander folgender Schöpfungen organischer Wesen stattgefunden hat. Seitdem die Erde aus dem feurig-flüssigen Zustand zu einer festen Masse erstarrte, finden wir einen wunderbaren Wechsel der Thier- und Pflanzengenerationen von den Riesengräsern und den Baumfarnen der Steinkohlenformation bis zu den

Laub- und Nadelhölzern der Braunkohle, von den gigantischen Amphibien des Lias und den
mikroskopischen Muscheln der Kreide bis zu den großen Säugethieren der Tertiärlager, welchen das
urweltliche Eis folgte, das uns die Granitblöcke Schwedens zuführte, und dem die Erhebung der
[S. 41] Alpen folgte. Jene Sepien des Jurakalkes, die noch ihre Dintenbeutel/haben; jene Insekten, welche
beim Fraß, in der Begattung von dem herabfließenden Harz des Bernsteinbaumes eingehüllt und
einer später entstandenen Welt erhalten wurden; jene Mammuthe, die im Eis einbalsamirt, Tausende
von Jahrtausenden überdauert haben mögen — Thiere ungewohnter Form, von nicht mehr gekannter
Art — waren zu ihrer Zeit nicht von menschlichen Augen erschaut. Der Mensch, das jüngste Kind
der Schöpfung, scheint den Perioden allgemeiner Erdumwälzungen entrückt zu sein; nie hat man
seine Gebeine in erweislich geschichtetem Erdreich gesehen. Die Leiche der Königin Gunhild von
Norwegen, die Harald Blaatand von Dänemark in einem Sumpf auf Jütland ersäufen ließ, und die
fast 700. Jahre später in dieser Erde aufgefunden wurde, wird für solche Annahmen stets ein
warnendes Beispiel sein. Mit dem Menschen ist die Schöpfung fertig; es entsteht kein lebendes
Wesen mehr, es sei denn gezeugt. Die Lebenskraft erwacht nirgend, schafft nichts; kein Gährungspilz,
keine Krätzmilbe, kein Eingeweidewurm ist ohne Ahnen.

Was ist nun aber Leben? Leben ist im Allgemeinen Zellenthätigkeit. Großartige Untersuchungen, mit
der Anwendung des Mikroskops auf die Erforschung der organischen Welt beginnend,
Untersuchungen, an denen auch unser Institut durch Männer, wie K. H. Schultz, Meyen, Reichert,
seinen Antheil hat, haben gezeigt, daß jede Pflanze, jedes Thier in seiner ersten Anlage nichts weiter
ist, als ein kleines Bläschen mit einem mehr oder weniger flüssigen Inhalt — eine Zelle, daß in dieser
Zelle sich wieder Zellen entwickeln, die wieder neue zeugen, sich gegenseitig verbinden, zu neuen
Formen umbilden, und endlich durch eine ungeheure Entwicklung, die man Schritt vor Schritt
verfolgen kann, den staunenswürdigsten Organismus zusammensetzen. Die Gesetze dieser Bildungen
[S. 42] sind durch die ganze organische Welt dieselben,/der Mensch stellt so gut ein Zellensystem dar, als
die einfache Pflanze; er ist nur ein Zellensystem mit Seele. Allmähliche, unmerkliche Uebergänge
verketten diese ganze, ungeheure Reihe organischer Wesen, denn wir kennen jetzt Wesen mit
Substanz und Stoffwechsel der Pflanze, und mit der Lokomotion der Thiere. Wären alle Wesen bloß
Zusammensetzungen von Zellen selbst, so würde alles Studium über Leben sich in der Erforschung
dieser Zellen und der Bedingungen ihrer Entwickelung concentriren. Allein die ursprünglichen
Zellen bilden durch Form- und Mischungsveränderungen zusammengesetzte Organe oder
Organsysteme, deren spätere Thätigkeit nach ganz anderen Gesetzen vor sich geht. Solche sind
vornämlich Blut und Nervensysteme. Um daher das Leben der höheren Thiere und besonders des
Menschen zu begreifen, ist eine ausgedehntere[9] Forschung nöthig. Die Entwicklung des Leibes von
der einfachen Zelle bis zum fertigen Organismus, die Bildungsgesetze jedes einzelnen Theils und der
Bau desselben setzen die gründlichsten anatomischen Untersuchungen voraus, wenn man sie
verstehen will. Da aber jeder Wechsel der Form, jede Thätigkeit, die Ernährung, der Stoffumsatz,
das Denken, die Bewegung mit chemischen Veränderung der Materie verknüpft sind, oder vielmehr
durch sie zu Stande kommen, so sind detaillirte chemische Beobachtungen nöthig, die leider noch zu
sehr fehlen. Es erfordern endlich die Gesetze der Nervenbahnen und des Kreislaufes, der Aufnahme
und Abscheidung der Stoffe, der Muskelbewegung und der Seelenäußerung, die großen Objekte
der Physiologie, immer neue, immer gründlichere Arbeiten.

In diesen Dingen ist die Lehre von der Krankheit eigentlich schon enthalten. Die Krankheit ist
nichts Neues, sie ist kein fremdes, hergekommenes Wesen, kein Kampf feindlicher Potenzen, kein
Hereindringen äußerer Kräfte. Die Erscheinungen des Lebens erfolgen nach bestimmten Gesetzen,
[S. 43] die ihrerseits nur unter be/stimmten Bedingungen möglich sind. Fehlen diese Bedingungen ganz,
so tritt der Tod ein; fehlen sie zum Theil, so werden gewisse Erscheinungen unmöglich; ist eine Reihe
von Bedingungen günstiger als andere, so werden auch die von ihr resultirenden Erscheinungen
lebhafter sein und umgekehrt. Die Pathologie ist also weiter Nichts als eine Anwendung der
Physiologie *auf* mit specieller Benutzung der Anatomie und Chemie, und die Behandlung des kranken
Körpers besteht einfach darin, die für die Erscheinungen des Lebens günstigen Bedingungen
hervorzurufen, also von den physiologischen Erfahrungen den bestmöglichen Gebrauch zu machen.

Als einen *bescheidenen* Versuch der Anwendung dieser Grundsätze auf die praktischen Verhältnisse
erlaube ich mir, eine kurze Skizze der Lehre von der Venenentzündung, die freilich nicht ganz reife
Frucht monatelanger Studien, vorzulegen.

Drei Jahre vor dem Ausbruch des Krieges mit Frankreich, im Jahr 1789. wurde Görcke zum Stellvertreter des Generalchirurgus Theden ernannt. Er befand sich eben auf einer wissenschaftlichen Reise in London, wo er die Bekanntschaft des zweiten Generalchirurgus der britischen Armee, des großen John Hunter gemacht hatte. Görcke und Hunter glichen sich vielfach. Ohne eine geordnete Schulbildung von Verwandten sogleich praktisch in ihre Kunst eingeführt, hatten beide in der Erfahrung die vorzüglichste Lehrerin gefunden, und ihre Unternehmungen waren stets von einem Erfolg gekrönt gewesen, wie er anspruchslosem und unermüdlichem Wirken selten zu fehlen pflegt. Zu den höchsten Stellen in der Verwaltung berufen, war ihre Thätigkeit nie weder der Praxis, noch den stillen Arbeiten des Geistes verloren gegangen. Wenige Jahre zuvor[10] hatte Hunter, im Besitz der Erfahrungen des Schlachtfeldes und des Spitals, zuerst eine bis dahin ungekannte Krankheit, die
[S. 44] Venenentzündung, ge/lehrt. England sah bald zahlreiche Arbeiter auf diesem neuen Feld thätig; auf dem Continent dagegen blieb es bis auf wenige, obwohl schätzbare Versuche, unter Frank's und Meckel's Auspicien ausgeführt, vollständig unbebaut. Richter sagte damals: „Ich habe zwar keine Gründe und Erfahrungen, die mich berechtigen, dem Verfasser (Hunter) zu widersprechen, aber ich habe auch nie Etwas gesehen, das dasjenige, was er von der Entzündung der Venen sagt, zu bestätigen scheint." So blieb diese ganze, für die Chirurgie und zumal für die Kriegsarzneikunde unschätzbare Lehre fast noch drei Decennien unberücksichtigt. Erst 1814., als eine kurze Zeit der Ruhe langen, blutigen Tagen folgte, hob Ribes die Bedeutung dieser Krankheit von Neuem hervor. Wie Hunter, anspruchslos und von einem unermüdlichen Fleiß, hatte Ribes seine Laufbahn praktisch begonnen, und in der glänzenden Schule von Montpellier jene exakte Methode der Untersuchung gewonnen, welche in dieser Schule unvergänglich ist. Fast sein ganzes «medicinisches» Leben hindurch Arzt am Invalidenhotel, hatte er diese Anstalt oft verlassen müssen, um mit den Heeren der Revolution und in dem Generalstabe Napoleon's die Schlachtfelder von halb Europa zu sehen. Als er vor wenig Monaten, allgemein betrauert, dahinschied, sprach sein Biograf ein seltenes Lob über ihn aus:
Il y a un beau mot, créé tout exprès pour les savans: je ne sais pas, or, ce mot ne coûtait rien à Ribes.
Seit 1814. hat die Discussion über die Venenentzündung nie aufgehört, die französischen Aerzte zu beschäftigen. Von Cruveilhier, der als Praktiker eben so groß wie als Anatom ist, und der diese Krankheit mit der sorgsamsten Detaillirung studirt hat, stammt das große Wort: La phlebite domine toute le pathologie. In Deutschland hat es bis jetzt noch keinen Chirurgen gegeben, der über dieselbe
[S. 45] etwas selbständig geleistet hat; nur die Wiener Anatomen, Rokitansky und/Engel, haben auch für diese Krankheit neue Gesichtspunkte aufgestellt. Bedenkt man, daß mehr als die Hälfte aller Amputirten im Durchschnitt sterben, und meist an den Folgen der Venenentzündung; berücksichtigt man, daß diese Krankheit bei jeder chirurgischen Operation, selbst dem Aderlaß eintreten kann, daß sie außerdem eine verderbliche Geißel der Wöchnerinnen ist und die verschiedenartigsten anderen Krankheiten complicirt: so ist ein solcher Mangel an Bearbeitung allerdings auffallend genug. Zweimal von Militärärzten entdeckt, die stete Nachzüglerin der Heere, ist diese interessante Krankheit recht eigentlich ein Gegenstand der Militärchirurgie. Das möglichst kurze Resultat, das ich mir vorzulegen erlaube, ist die Frucht «der Beobachtung und Untersuchung» bei mehr als hundert Leichenöffnungen und noch mehr Krankheitsfällen von Venenentzündung, zusammengehalten mit dem fast unübersehbaren Material, welches besonders die französische Literatur darbietet.
Die Schwierigkeit des Studiums der Erscheinungen im Detail, sowie die Unsicherheit und Zaghaftigkeit, welche die Charaktere erster Beobachtungen zu sein pflegen, mögen es erklären, daß diese immer noch sehr lückenhaft sind.
Die Krankheit, welche man Venenentzündung, Phlebitis genannt hat, ist nichts weniger als eine Entzündung, und wenn in der That eine Venenentzündung damit coincidirt, so hat diese auf den Verlauf der wichtigeren Erscheinungen eher einen günstigen Einfluß.[11] Wenn ein größerer Theil z. B. der Oberschenkel durch einen Schuß, einen Hieb, einen Amputationsschnitt eine Trennung des Zusammenhanges von einem gewissen Umfange erleidet, so wird auch die Continuität der Blutgefäße aufgehoben. Man stillt die entstehenden Blutungen durch Compression oder Unterbindung der größeren Arterienstämme; der Ausfluß des Blutes aus den Venen ist an sich unmöglich, weil die
[S. 46] Klappen das Strömen in der Richtung vom Herzen rückwärts unmöglich machen. Das/Blut stockt daher einerseits in den Arterien, deren Kanal an irgendeiner Stelle direkt verschlossen ist, andererseits in den Venen, da in einer gewissen Strecke der Druck von hinten her fehlt, also ein

Forttreiben des Blutes bis zu der Stelle, wo ein den Kreislauf erhaltenes Gefäß einmündet, unmöglich ist. Diese Stockung ist nicht das Resultat einer Eiterresorption oder einer Einwirkung der entzündeten Gefäßwandungen oder des von denselben abgesonderten Exsudates, sondern ein ganz gewöhnliches, mechanisches Phänomen. Stockendes Blut gerinnt unter allen Umständen, äußerst seltene Ausnahmen abgerechnet, vermöge eines ganz mechanischen Vorganges, nicht weil es der Einwirkung der „Lebenskraft" entzogen ist, sondern weil der in demselben enthaltene Faserstoff nur so lange vor der Gerinnung bewahrt bleibt, als sein steter Umsatz oder Verbrauch im Körper dauert. Dieser Pfropf besteht aus geronnenem Faserstoff, welcher die farbigen und farblosen Zellen des Blutes nebst einer gewissen Quantität des Blutserums einschließt. Im günstigen Falle geht derselbe sowohl in der Arterie, als in der Vene eine Reihe von Veränderungen ein, deren Schluß die vollständige, dauernde Verschließung des Gefäßes, die Umwandlung seines früher hohlen Endes in einen bandartigen Strang ist. In der Vene tritt aber leider zu häufig ein anderer, stets gefürchteter Ausgang ein. Indem nämlich der Pfropf seine anfangs dunkelrothe Farbe in eine schmutzig hellrothe, ins Weiße oder Gelbliche ziehende, umwandelt, verliert er seine Elasticität und wird brüchig, locker und leicht zerreißlich. Man sieht dann den Faserstoff als einen gleichförmigen, membranartigen Stoff, der nicht mehr in elastische Fasern zerrissen werden kann; die eingeschlossenen Blutkörperchen haben ihre Gestalt großentheils verändert und einen Theil ihres Farbstoffes abgegeben. Die chemische Umwandlung des Faserstoffs schreitet schnell vorwärts, und in dem lockersten Theile des Pfropfes, seiner Mitte,
[S. 47] findet sich nach einiger Zeit eine Höhlung, die mit ei/ner röthlichen, dünnflüssigen Masse, die man saniösen Eiter genannt hat, erfüllt ist. Von der Idee einer Entzündung ausgehend, hat man sich viele Mühe gegeben, das Vorkommen dieses Eiters in der Mitte des Pfropfes, und nicht in seinem Umfange zu erklären. Dieser sogenannte Eiter entsteht ohne Entzündung, denn die Häute des Gefäßes zeigen in dieser Zeit nicht die geringste Veränderung. Untersucht man diesen Eiter unter dem Mikroskop, so sieht man außer noch mehr veränderten Blutkörperchen das ganze Gesichtsfeld mit einer dichten Masse kleiner, blasser, in verdünnter Essigsäure schwerlöslicher Körnchen, die häufig Molekularbewegung zeigen, erfüllt; ihre Größe übertrifft selten 1/100000 Zoll. Allmählich wird die centrale Höhlung des Pfropfes größer, und der flüssige Inhalt nimmt eine immer hellere, weißröthliche, endlich weißgelbliche Färbung an, er gleicht zuletzt normalem, löblichem Eiter. Während dieses Zeitraumes haben sich die Blutkörperchen fast ganz aufgelöst, und die chemische Umsetzung des festen Faserstoffs in eine eiweißartige Flüssigkeit hat zugenommen. Die mikroskopische Untersuchung, und die Schlüsse, welche man daraus für die Entwicklung der vorkommenden Formen ziehen darf, sind in dieser Zeit so schwierig, daß ich mich auf die Mittheilung von Beobachtungen beschränken muß, die freilich für die Frage von der Succession in der Zeit, aber nicht für die von der Succession in der Bildung entscheidend sind. Die Objecte sind natürlich jedesmal fertig; die Entwickelung läßt sich nicht sehen, sondern nur erschließen.*

[S. 48] /Unter den beschriebenen, kleinen Körnchen finden sich *allmählich* größere, oft um das doppelte und dreifache größere; dann sieht man «noch größere» Körnchen, welche ganz kleine, schwarze Fettmoleküle enthalten; endlich erkennt man einen Unterschied zwischen einer blassen Hülle und einem flüssigen, mit Fettmolekülen gemengten Inhalt, der durch Essigsäure heller wird, während die Hülle unverändert bleibt. Indem sich nun die Fettmoleküle mehren, scheinen die jetzt als Zellen erscheinenden Körper bis zu der Größe von 1/300 Linie zu wachsen. Von hier ab sieht man zwei Reihen von Bildungen bald in demselben Fall neben einander, bald in verschiedenen Fällen einseitig sich entwickeln, deren Bedingungen sich bis jetzt noch nicht übersehen lassen. Entweder nämlich wachsen diese fetthaltigen Zellen bis zu der Größe von 1/100 Linie und darüber, ohne weitere chemische Veränderungen ihres Inhalts zu zeigen, und stellen dann eine Form der sogenannten Körnchenzellen oder Endzündungskugeln dar; ihre Menge ist oft so groß, daß der ganze sogenannte Eiter nur aus ihnen besteht. Oder es zeigen sich unter den dunklen Fettmolekülen, seltener in

[S. 47] /* Es setzt eine große Unkenntniß des Gegenstandes voraus, wenn die Gegner der Mikroskopie immer von optischen Täuschungen reden, wo es sich nur von logischen handelt. Wäre die Deutung der Thatsachen, namentlich in Beziehung auf den Zusammenhang zwischen den einzelnen, gesehenen Dingen, so leicht, so müßte es doch sehr Wunder nehmen, daß die Medizin seit Hippokrates noch nicht zu positiveren Resultaten gekommen ist. Diese Splitterrichter vergessen immer, daß das Mikroskop erst seit Decennien gehandhabt wird, und daß die ganze physiologische und pathologische Histologie durch dasselbe so verändert sind, daß die Rückwirkung auf die Praxis sich zum Theil schon jetzt klar herausstellt.[12]

Zellen, die kein Fett enthalten, 2, 3—5 größere, gleichfalls sehr dunkle, in Essigsäure unlösliche, in Alkalien lösliche Körnchen. Diese werden größer und gruppiren sich in den verschiedensten Gestalten an einander. In ihrer höchsten Entwicklung sind es ovale, napfförmig ausgehöhlte Scheiben, die häufig in der Mitte der Vertiefung einen kleinen, vorspringenden Körper zeigen. Diese Näpfe fangen nun an zu verwachsen, indem sie sich zu 2., zu 3., zu je 2. oder zu 2. und 3. mit ihren Enden an einander legen. Haben sich alle mit ihren Enden verbunden, so stellen sie gewöhnlich die Gestalt eines Hufeisens dar. Die Ränder dieses Hufeisens krümmen sich immer mehr, die Enden nähern sich, während die mittlere Partie aufschwillt, und zuletzt sieht man nur noch einen einzigen, runden, oder leicht ovalen, körnigen Körper.[13] Während dieser Zeit hat sich die Hülle der Zelle chemisch
[S. 49] verändert; sie ist in Essigsäure löslich geworden. In derselben pflegt/man gar keine oder nur sehr wenige Fettmoleküle zu finden, dagegen sieht man eine Menge eben so kleiner, aber ganz blasser Körnchen, welche den ganzen hohlen Raum zu erfüllen scheinen. Dieselben gerathen nach der Entdeckung Reinhardt's unter gewissen Verhältnissen innerhalb der Zellen in molekulare Bewegung, müssen also mehr oder weniger locker liegen; sie sind in Wasser unlöslich, obwohl sie darin aufzuquellen scheinen, während sie von Essigsäure leicht aufgelöst werden; sie bestehen daher aus einem salzarmen Eiweiß. Diese ganze Zelle von 1/200 bis 1/150 Linie Größe, die man Eiterkörperchen genannt hat, ist demnach ein sehr zusammengesetzter Körper von bestimmter chemischer und morphologischer Beschaffenheit.[14] Abweichungen kommen freilich vor, allein die ungeheure Majorität der Fälle beweist für die vollkommene Gesetzmäßigkeit der Zusammensetzung. In einer dem Faserstoff ähnlichen Hülle befindet sich ein flüssiger, wahrscheinlich aus Bluteiweiß bestehender Inhalt, in dem kleine Körnchen salzarmen Eiweißes und manchmal Fettmoleküle schweben, ein oder mehrere Kerne, deren chemische Konstitution schon sehr abweicht, und ein Kernkörperchen, das sich der Harnsusbstanz analog zu verhalten scheint. So ist auch in dem kleinsten Raum das allgemeine Gesetz erkennbar; möglich, daß einst ein späteres Geschlecht auch die mathematische Formel für diese Bildungen findet.*

[S. 50] /Erreicht nun diese eiterartige Flüssigkeit nach Zerstörung der Faserstofflagen die innere Wand der Vene, so tritt Entzündung derselben ein, erkennbar an den erst dann auftretenden Veränderungen der Häute; häufig genug hat aber der Tod den Kranken schon früher dahingerafft.

[S. 49] /* Ich bin in dieser Darstellung von der gewöhnlichen, der Zellentheorie accomodirten Meinung abgewichen, weil ich die entsprechenden Thatsachen nicht habe finden können. Wäre die Entwicklung der Eiterkörperchen in der That an die, im Wundsecret allerdings vorkommenden, von Vogel, Henle, Lehmann und Messerschmidt beschriebenen Körperchen (aus einem Kern mit frisch umgelagerter Hülle bestehend) gebunden, so hätte ich sie bei so häufig wiederholter Untersuchung doch öfters finden müssen. Es bleibt aber immer noch fraglich, ob jene Körper als junge Zellen mit einem Kern zu betrachten sind; wäre es richtig, so könnten die gewöhnlich als
[S. 50] Kerne betrachteten Näpfe der Eiterkörperchen nur secundäre Bildungen sein./Die Entstehung der einfachen Kerne aus mehrfachen halte ich für positiv; ich habe unter anderem eine ähnliche Beobachtung wie Müller (Zeitschr[ift] für rat[ionelle] Mediz[in] 1845. Hft. 2.)[15] gemacht. Ich hatte eine anatomische Stichwunde am Finger, in deren Tiefe sich nach einigen Tagen eine ziemlich reichliche Eiterung eingestellt hatte; der Eiter bestand fast ganz aus Zellen mit mehreren getrennten oder zusammenliegenden oder auch unvollkommen vereinigten Kernen. Nach Entfernung desselben schloß ich die Wunde und öffnete die entstandene Eiterhöhle erst nach 8. Tagen. Die ganze Masse bestand nun aus einkernigen, großen, schön entwickelten Zellen. Ein Grund zu Irrthümern scheint mir aber in der oft ziemlich großen Consistenz des Zelleninhalts zu liegen. Wenn man concentrierten Eiter mit einem verdünnten Medium behandelt, oder wenn man künstlich einen solchen Zustand hervorbringt, indem man ihn zuerst in eine Salzlösung, dann in destillirtes Wasser bringt, so hebt sich die Hülle von dem Inhalt ab, der als ein dunkler, körniger Haufen um die Kerne liegen bleibt und möglicherweise als Kern betrachtet werden kann. Hat man nun noch getrennte Kerne, so liegen sie wie Kernkörperchen in der dunklen Masse zerstreut, und es gelingt zuweilen, bei der Behandlung einer solchen Form mit Essigsäure zu sehen, wie sie nach Auflösung der Zwischenmasse plötzlich zusammenfahren. Die kernlosen, wenige Fettmoleküle enthaltenden, wegen ihres consistenten Inhalts glänzenden Körperchen, die ich stets in der Zeit zwischen den Molekülen und den deutlichen Zellen beobachtete, (die Exsudatkörperchen Valentin's, die globules pyoides Lebert's) sind nach der Zellentheorie gar nicht zu deuten, und doch müssen sie einer bestimmten Periode der Entwicklung angehören, da sie auch unter den farblosen Blutkörperchen stets vorkommen. Ihre Entstehung aus den einfachen Körnchen kann man sich sehr wohl durch eine chemische Differenzierung
[S. 51] zwischen den äußeren und inneren Theilen zu/Hülle und Inhalt vorstellen, und es wäre möglich, daß auch hier das Freiwerden von Fett den Uebergang der einfachen Proteinverbindung zu einer neuen Kombination andeutete, wie wir es so häufig sehen.

Heilung geschieht nämlich, nachdem es zur Schmelzung der Gerinnsel gekommen ist, gewöhnlich nur,
[S. 51] wenn der Eiter in Folge/der durch die Entzündung herbeigeführten Fragilität der Venenwandungen nach außen durchbricht, oder wenn vor dem Zerfallen des ganzen Gerinnsels ein Stillstand in der Entwicklung eintritt und das schon Gebildete durch Resorption des flüssigen Theils eingedickt wird. Selten hat der Arzt so schöne Erfolge; meist wird er auf grausame Weise in seinen Erwartungen getäuscht. Der Kranke befindet sich 3., 4. und mehr Tage nach der Verletzung ganz befriedigend, der Zustand der Wunde ist erwünscht, kein bedrohliches Zeichen vorhanden. Plötzlich tritt ein heftiger Schüttelfrost ein. Seltsames, unerklärtes Zeichen! Bald das Eindringen deletärer Agentien in den Organismus und den drohenden Ausbruch einer Krankheit andeutend, bald ohne sichtbare Ursache eintretend, ohne Störung vorübergehend, scheint es der ärztlichen Forschung ein immer ungelöstes Räthsel zu bleiben. In diesem Falle hier weiß der Arzt freilich, daß das Schlimmste geschehen ist.

Die Gerinnung des Blutes in den Venen geschieht nämlich stets bis zu dem nächsten, dem Kreislauf erhaltenen Aste, und zwar *stets* so, daß auf der der Einströmung des Blutes aus diesem Aste entgegengesetzten Seite der gebildete Pfropf sich noch eine Strecke höher hinauf erstreckt, da der kleine Ast mit dem von ihm gelieferten Blut nicht sogleich den ganzen *Stamm* Kanal ausfüllen kann. In dem von ihm nicht bewegten Theile gerinnt das Blut wie in einem aneurysmatischen oder variösen Sack. Dieser so ungeheuer wichtige Punkt ist fast gar nicht berücksichtigt worden. Beim Zerfallen des Gerinnsels kann nun zweierlei erfolgen. In einem Falle wird der obere, in das freie Gefäß hineinragende, durch die Schmelzung der unteren Partie locker gewordene Theil abgerissen,
[S. 52] und mit dem Blutstrom fortgeführt. Häufig/wird dieß Stück von neuen, sich abscheidenden Faserstofflagen umhüllt, und bald in eine höher gelegene Venenklappe hineingepreßt, bald durch seine Klebrigkeit an einer Stelle der Wandungen höherer Stämme festgehalten. Geschieht dieß nicht, so gelangt es endlich zum rechten Herzen, wo diese kleinen Pfröpfe schon lange unter dem Namen der Eiterbälge bekannt und als Zeichen der Entzündung der inneren Herzhaut betrachtet sind. Das Herz ist vollkommen gesund, aber seine vielverzweigten Muskeln *geben* bieten hergebrachten Gerinnseln leicht Schlupfwinkel dar. Von dem rechten Herzen wird das Gerinnsel in die Lungenarterien hineingetrieben. Indem es hier von weiteren zu immer engeren, zuletzt mikroskopischen Kanälen gelangt, muß es nothwendig im Stamm oder in den Aesten des Gefäßes eingekeilt werden. Man findet daher hier eingeknickte oder zusammengefaltete Pfröpfe. Findet nun bei einer geringeren Größe des Gerinnsels eine Verstopfung eines kleinen Astes statt, so entstehen *da*durch den Druck der gestauten Blutsäule Zerreißungen der Gefäßwandungen und Blutaustretungen, denen bald wieder Eiterbildung folgt. Das sind die sogenannten lobulären Pneumonien. Ist aber das Gerinnsel bedeutend, z. B. von der Größe eines Fingergliedes, wird also ein Hauptstamm undurchgängig, so wird das ganze Blut genöthigt, sich durch die andere Lunge d. h. durch einen Weg zu pressen, den vorher nur die Hälfte benutzte. Die hieraus entstehenden Erscheinungen (gestörter Rückfluß des Blutes zu dem Herzen, Rückstau namentlich nach dem Kopfe, und sehr behinderte Respiration, während weder Schmerz vorhanden ist, noch die genaueste Untersuchung der Brust ein Resultat ergiebt,) sind den Geburtshelfern längst bekannt, allein sie haben nicht gewußt, was sie daraus machen sollten, da ihnen der pathologisch-anatomische Boden für die Erklärung fehlte.*
[S. 53] /Nun giebt es aber Fälle, wo ähnliche Vorgänge wie in den Lungen, auch in der Leber, der Milz, den Nieren, dem Gehirn, dem Zellgewebe vorkommen, Fälle, in denen offenbar die in den Blutstrom gelangte Masse die Lungen passirt, zum linken Herzen zurückgelangt und durch die Arterien in dem *ganzen* Capillargefäßsystem des Körpers ausgebreitet ist. Ich vermag den Grund dieser Erscheinung nicht[17] erfahrungsgemäß nachzuweisen, es ist aber wahrscheinlich, daß dieselben dann eintreten, wenn nur kleine Theile des Gerinnsels fortgerissen werden, um welche sich erst allmählich im weiteren Verlaufe der Cirkulation neue Faserstofflagen abscheiden, und neue Obstruction der Gefäße bedingen.

[S. 52] /* Was die Diagnose dieser räthselhaften Krankheit betrifft, so ist dieselbe, wenn man die Sache nicht geradezu nach humoralpathologischen Ansichten für eine Entzündung des Blutes erklären will, immer etwas schwierig, und es muß vorerst untersucht werden pp. Ulsamer Erfahrungen in der Geburtshülfe in der Neuen Zeitschr[ift] für Geb[urtskunde] 1845. Hft. 2. p. 232.[16]

Dieser Reihe von Erscheinungen, welche man zum Theil noch nicht gekannt, zum Theil auf die widersprechendsten Erklärungen zurückgeführt hat, steht eine andere, noch viel drohendere zur Seite. Es ist die Reihe derjenigen Phänomene, welche von einer schnellen und fast unaufhaltsamen Veränderung der Blutmasse abhängen; derjenigen, welche an dem Einzelnen die Schreckbilder großer Epidemien erblicken lassen, und welche man in der neuesten Zeit als das Resultat einer Gährung des Blutes, der Eitergährung aufgefaßt hat. Man hat vielfach darüber gestritten, ob dazu die Aufnahme der soliden oder der flüssigen Theile des Eiters d. h. der Eiterkügelchen oder des Eiterserums nöthig sei. Nach der früheren Erörterung, wornach man es nur mit einem zerfallenden Gerinnsel und mit Zellen auf allen Stufen der Entwickelung, die nur selten wirklich Eiterkörperchen darstellen, zu thun hat, und die sekundäre Eiterbildung im Parenchym der Organe nicht durch das Stocken der Eiterkörperchen bedingt ist, glaube ich die übrigen vielfachen Gründe übergehen zu dürfen, die es wahrscheinlich machen, daß die Aufnahme der flüssigen Theile des zerfallenden Gerinnsels *als* die
[S. 54] Ursache der Blutveränderung sei. Die Experimente/über die faulige Infektion geben dieselben Erscheinungen. Indem nämlich diese Eiweißartigen, in einer beständigen chemischen Umsetzung begriffenen Flüssigkeiten ins Blut gelangen, pflanzt sich diese Bewegung auf die Bestandtheile desselben fort, und wir sehen alsbald eine Verflüssigung, Dissolution desselben eintreten. Das Blut verliert seine Fähigkeit zu gerinnen, seine Zellen lösen sich auf, und man findet nach dem Tode eine dunkelrothe, dünnflüssige Masse in den Gefäßen, deren Wandungen davon gefärbt sind. Die Erscheinungen, die davon abhängen, gleichen bald der Chlorose, dem Skorbut und dem Rheumatismus, bald der Syphilis und den akuten Exanthemen, bald dem Typhus, dem Wechselfieber und dem Erysipel, bald den Krankheiten des Gehirns und Rückenmarks. Eine blasse, ins Gelbliche oder Grünliche ziehende Färbung der ihres Glanzes und ihrer Durchsichtigkeit beraubten Haut, auf der sich oft rosenartige, furunkulöse, pustulöse, vesikulöse Eruptionen zeigen; ziehende Schmerzen in den Gliedern; Ergießungen blutigen Serums mit Neigung zur Eiterbildung in die Höhlen der Brust, des Bauches und der Gelenke; Erweichungen der Knorpel und des Auges; Nasenbluten, Durchfälle, Athembeschwerden; heftige Fieberanfälle; Eingenommenheit des Kopfes, Trägheit des Geistes, Delirien – kurz die Pathologie sieht hier Phänomene aus allen Sphären gesammelt, um den Tod des Kranken schrecklicher zu machen.*

[S. 55] /[19]Möchte es mir gelungen sein zu zeigen, daß die mechanische Methode auf die Pathologie vollkommen anwendbar sei. Der praktische Schluß dieser Mittheilung ist klar; der Arzt hat es mit der Behandlung eines Blutgerinnsels und nicht einer Entzündung zu thun, und es ist nicht eine Krankheit, gegen welche er kämpfen oder bei der er zusehen soll, wie die „Natur" die Heilung – nicht zu Stande bringt, sondern einfach eine Einheit von Erscheinungen, deren jede für sich behandelt sein muß, und wie Beispiele davon vorliegen, auch kann. In meiner Rede zur Geburtstagsfeier Görcke's hatte ich das Glück, eine Reihe ähnlicher Beobachtungen über die Wirkung des Alkohols im Körper anzustellen. Allein alle solche Beobachtungen werden erst Werth haben, wenn sie im ausgedehntesten Detail angestellt sind, wenn man jede Phase der krankhaften Veränderungen verfolgt, und die Bedingungen, unter denen sie eintreten, erkannt haben wird. Sobald dieß geschehen ist, wird man eine vollkommene Therapie haben. Immer und vor Allem aber werden das Spital und das Leichenhaus die Stätten bleiben, wo die Krankheiten im Großen und im Kleinsten Detail mit Erfolg studirt werden können, und es ist noch sehr viel, ja fast Alles zu thun übrig. Welche großen Aufgaben haben namentlich die Militär*chirurgie*ärzte zu lösen! Der Skorbut, der Typhus, die contagiöse Augenblennorrhoe, die Zufälle nach schweren Verletzungen – sollen sie immer zu den Räthseln der Natur gehören? Wenn es Friede ist, soll man sich auf den Krieg rüsten, und wird nicht

---

[S. 54] /* Ich muß es den angeführten Thatsachen überlassen, selbst für sich zu sprechen. Sobald ich mit meinen Untersuchungen über diesen Gegenstand, welchen ich gern so zusammenhängend und überzeugend als möglich darstellen möchte, zu einem gewissen Ende gekommen sein werde, hoffe ich die Beweise für meine Ansichten, sowie die Widerlegung der früheren ausführlich liefern zu können. Vorläufig wünschte ich nur nochmals darauf hinzudeuten, daß die lobuläre Pneumonie, die Obstruktion der Lungenaterie, die Eiterbälge des Herzens p. p. keine Erscheinungen der Pyämie sind, und daß das Zerfallen des Blutgerinnsels eine doppelte, nicht nothwendig coincidirende Reihe von Erscheinungen bedingt. Man kennt längst Pyämien ohne vielfache Abscesse in den parenchymtösen Organen; ich habe auch Fälle beobachtet, wo vermutlich eine Pyämie dagewesen war, und wo sich alte, eingeschrumpfte Gerinnsel in den Venen der Extremitäten und der Lungenarterien zugleich vorfanden.[18]

der Krieg so lange drohend sein, als es Heere giebt? Auch dem Militärarzt wird es immer ein erhebendes Ziel sein, sich auf die Schrecken des Krieges würdig vorzubereiten. Ist doch ihm die Erfahrung, das schnelle Verständniß der Erscheinungen fast nöthiger, als jedem anderen Arzte, [S. 56] weil sich ihm die Krankheiten massenhafter und plötzlicher entgegenstellen. Diese Er/fahrung aber läßt sich nur im Kriege selbst oder im Spital erwerben auf der Basis einer gründlichen wissenschaftlichen Bildung, welche ihrerseits Bildungsmittel von einem Umfang voraussetzt, wie sie der Einzelne nur selten zu erringen vermag. In Lösung der großen Aufgabe einer Einigung zwischen Medizin und Chirurgie ist das Institut einst würdig vorangeschritten; ist aber das Verlangen nach einer Einigung zwischen Medizin und Naturwissenschaft nicht ebenso dringend, als die bestehende Trennung unnatürlich?—

Dr. Virchow

Anmerkungen

1 Jacob Henle, Bericht über die Arbeiten im Gebiet der rationellen Pathologie seit Anfang des Jahres 1839. In: Zeitschrift für rationelle Medizin, Bd. 2, Zürich 1844, S. 118

2 Carl August Wunderlich, Versuch einer pathologischen Physiologie des Blutes, Stuttgart 1845, S. 104

3 Johann Franz Simon, Handbuch der angewandten medizinischen Chemie, II. Teil, Physiologische und pathologische Anthropochemie, Berlin 1842, S. 207

4 Hs. B. trägt die Überschrift: „Ueber die Nothwendigkeit einer Einigung zwischen Medizin und Naturwissenschaft erläutert an dem Beispiel der Venenentzündung"

5 In Hs. B. folgte an dieser Stelle ursprünglich eine von Generalarzt Eck, dem Subdirektor des Friedrich-Wilhelms-Instituts, und Virchow mehrfach korrigierte, dann von Virchow gestrichene Textpassage: „Immerhin war aber das Streben, auch chirurgisch gebildete Aerzte zu bilden, schon in den ersten Decennien so belohnend, daß nach den neuen, großen Kriegen der Anstalt Königlicher Dank erwuchs, und mit dem Namen des Friedrich-Wilhelms-Instituts neue Bildungsmittel ihr zuflossen.Unter den Wechseln der medicinischen Systeme hat sie nicht aufgehört, erfahrene, mit den Erscheinungen des Krankenbetts vertraute Aerzte nach möglichst einfachen Grundsätzen zu erziehen und auszubilden."

6 In Hs. B stand ursprünglich statt dieses Satzes eine längere, dann von Virchow gestrichene Textpassage: „Ruhig verfolgte das Institut in dieser ganzen Zeit den Gedanken der Wiederherstellung einer einigen Medizin, in der jede Disciplin zu einem vollkommenen Ganzen mit den übrigen verbunden sei, ihm verdankt man das Resultat, daß diese Verschmelzung heutzutage eine so allgemeine und innige geworden ist, daß man die Militärärzte selbst darüber zu vergessen beginnt. Chirurgie, Medizin und Geburtshülfe werden wieder gemeinsam von den Aerzten getrieben; die Anerkennung, dieß durch ein langes, ehrenvolles Vorbild herbeigeführt zu haben, kann Niemand dem Institut streitig machen.
Meint man aber, die Mission des Instituts sei nun geendet? Es war mir schon einmal vergönnt, bei der letzten Geburtstagsfeier Görcke's die Frage zu besprechen, was der Medizin noththut."

7 Die zitierte Stelle findet sich in B. Auerbach, Gesammelte Schriften, Bd. 1, Stuttgart und Augsburg 1857, S. 96

8 Die folgende Textpassage bis: „. . . gelten läßt" ist in der ersten Fassung der Hs. B. mehrfach von Eck und Virchow korrigiert und Teile davon gänzlich gestrichen worden. Der ursprüngliche Text lautete: „Seltsames Sophismen! In dem die mechanische Medizin in nicht naturwissenschaftlichem Sinne die Existenz von Kräften, also auch von der Lebenskraft, läugnet, dieß Wort nur als einen Bequemlichkeitsbegriff [für] das Gesetz, welches sich in dieser oder jener Reihe von Erscheinungen ausspricht, gelten läßt, glauben Anhänger der vielerlei Schulen alles Recht zu haben, sie des Materialismus zu bezichtigen, während sie sich selbst bei der Annahme einer Lebenskraft aller Forschung nach den Bedingungen der Lebenserscheinung für überhoben halten. Als ob man nicht Materialist sein könnte, wenn man an Kräfte glaubt."

9 In Hs. B stattdessen: „dreifache"

10 In Hs. B stand stattdessen ursprünglich folgende, von Virchow dann gestrichene Formulierung: „Im Jahre 1792, wenige Monate bevor Preußen den Krieg begann . . ."

11 Der folgende Textteil, beginnend mit den Worten: „Wenn ein größerer Theil . . ." bis „. . . um den Tod des Kranken schrecklicher zu machen." (S. 74) wurde, soweit er in der Hs. C durch einen Bleistiftstrich am Rande gekennzeichnet ist, von Virchow veröffentlicht. In: „Abhandlungen zur wissenschaftlichen Medicin", Frankfurt 1856, S. 478ff. Am Anfang dieses Textes hat Virchow in der Hs. C am Rand den Vermerk „Petit" als Anweisung für den zu verwendenden Schriftgrad (8 typographische Punkte) angebracht.

12 Die folgende Anmerkung fehlt in der Hs. B und ist von Virchow nicht in den abgedruckten Text in den „Abhandlungen . . ." mit aufgenommen worden.

13 In der Hs. B hat Virchow an dieser Stelle am Rand eine Anmerkung eingefügt, die in der Hs. C einer anderen Textstelle zugeordnet wurde, s. Anm. 14

14 Die folgende Textpassage bis zu der Stelle: „. . . diese Bildungen findet." mit der dazu gehörigen längeren Anmerkung ist von Virchow nicht mit einem Bleistiftstrich am Rande gekennzeichnet und daher auch nicht mit abgedruckt worden. Die Anmerkung war ursprünglich in Hs. B an anderer Stelle eingefügt, s. Anm. 13

15 Heinrich Müller, Beiträge zur Morphologie des Chylus und Eiters. In: Zeitschrift für rationelle Medizin, Bd. 3, Heidelberg 1845, S. 204–278

16 Diese Anmerkung fehlt in Hs. B, in Hs. C wurde sie gestrichen und nicht in den abgedruckten Text in den „Abhandlungen . . ." mit aufgenommen. Bei dem zitierten Artikel handelt es sich um: Adam Ulsamer,

Erfahrungen in der Geburtshülfe gegründet auf eine zehnjährige Beobachtung in der Entbindungsanstalt zu Landshut in Baiern. In: Neue Zeitschrift für Geburtskunde, Bd. 17, Hft. 1, Berlin 1945, S. 232

17 In Hs. C befindet sich hier am Rand ein Vermerk des Buchdruckers, daß hier die 3. Seite des gedruckten Textes endet und die 4. Seite (S. 481 im gedruckten Text) mit dem Wort „erfahrungsgemäß" beginnt.

18 Diese Anmerkung wurde von Virchow nicht mit Bleistift gekennzeichnet und fehlt daher im abgedruckten Text.

19 Der folgende Schlußteil der Hs. C weicht stark vom Schlußteil in der Hs. B ab. Der Schlußteil der Hs. B ist mehrfach von Eck und Virchow korrigiert worden. Er wird im folgenden in der ursprünglichen Fassung von Virchow wiedergegeben: „Möchte es mir gelungen sein, an diesen Beispielen darzuthun, daß die mechanische Methode auf die Pathologie vollkommen anwendbar sei. Der praktische Schluß dieser Mittheilungen ist klar; der Arzt hat es mit der Behandlung eines Blutgerinnsels, nicht einer Entzündung zu thun, und es ist nicht eine Krankheit, gegen welche er kämpfen oder bei der er zusehen soll, wie die Natur die Heilung – nicht zu Stande bringt, sondern einfach eine Einheit von Erscheinungen, deren jede für sich behandelt s[ein] muß und wie Beispiele davon vorliegen, auch kann. In meiner Rede zur letzten Geburtstagsfeier Görcke's hatte ich das Glück, eine Reihe ähnlicher Beobachtungen über die Wirkung des Alkohols im Körper mitzutheilen. Allein alle solche Beobachtungen werden erst Werth haben, wenn sie im ausgedehntesten Detail angestellt sind, wenn man jede Phase der krankhaften Veränderungen verfolgt, und die Bedingungen, unter denen sie eintreten, erkannt haben wird. Sobald diese Bedingungen vollkommen erkannt sind, wird man eine vollkommene Therapie haben. In dieser Zeit der Gegensätze ist ein trauriger Wunsch ausgesprochen worden: man solle die Krankheiten ohne Einwirkung der Kunst verlaufen lassen, um die Wege der Naturheilkraft desto sicherer zu erkennen; ja man solle eine wissenschaftliche Doktrin des ärztlichen Zusehens zu Stande bringen! Es giebt nur noch eine gleich unschöne Erscheinung in der ärztlichen Welt, das ist das Hereindringen gewisser pietistischer Vereine, wie sie namentlich in Paris ans Licht getreten sind – Vereine, welche die Spitäler dem Zutritt angehender Aerzte verschließen möchten, und welche sich nicht gescheut haben, mit den Geldern, mit welchen sie manch kummervolles Haus erfreuen könnten, die Leichen dem Messer der Anatomen um jeden Preis zu entziehen. Immer und vor allem werden aber das Spital und das Leichenhaus die Stätte bleiben, wo die Krankheiten im Großen und im Kleinsten Detail studirt werden können, und es ist noch sehr viel zu thun übrig. Welche großen Aufgaben haben namentlich die Militärärzte zu lösen! Der Skorbut, der Typhus, die contagiöse Augenblennorhoe, die Zufälle nach schweren Verletzungen – sollen sie immer unter die Räthsel der Natur gehören? Wenn es Friede ist, so soll man sich auf den Krieg rüsten, und wird nicht der Krieg so lange drohend sein, als es Heere giebt? Es wird immer ein erhebendes Ziel für die jungen Militärärzte sein, sich auf die Schrecken des Krieges vorzubereiten und das Streben nach diesem Ziele würde sie manchen Kummer ihrer Stellung vergessen lassen, wenn nicht diese Stellung selbst ihnen meist jeden wissenschaftlichen Verkehr unmöglich machte. Hoffen wir, daß das Friedrich-Wilhelms-Institut in dem neuen Zeitabschnitt, den es beginnt, ihrem Streben auch die Mittel verschaffen kann. Ueberall bricht sich das Bedürfniß nach einem andern Zustande der Medizin Bahn. Die großen Meetings der britischen Aerzte; der allgemeine medicinische Congreß, den man eben in Frankreich beräth – werden sie nicht in Deutschland ihren Wiederhall finden? Die Frage von einem isolirten Chirurgenthum kann nicht mehr aufgeworfen werden, aber ist das Verlangen nach einer Einigung zwischen Medicin und Naturwissenschaft nicht ebenso dringend, als die bestehende Trennung unnatürlich? Vorsichtig hat das Institut auch diesen Weg betreten. Die Erfahrung, das schnelle Verständniß der Erscheinungen ist dem Militärarzt nöthiger, als jedem andern, weil sich ihm die Krankheiten massenhafter und plötzlicher entgegenzustellen pflegen; diese Erfahrung läßt sich nur im Kriege oder im Spital erwerben auf der Basis einer gründlichen, wissenschaftlichen Bildung, welche ihrerseits Bildungsmittel von einem Umfang voraussetzt, wie sie der Einzelne nur selten zu erringen vermag. Die Geschichte, die doch nur Gelungenes zu erhalten pflegt, hat des starken, obwohl stillen Einflusses des Instituts in den verflossenen Jahren wohl gedacht; es wird an seinen Zöglingen sein, diesen Ruhm auch in der kommenden Zeit zu wahren, und es hat dem Institut nie an Zöglingen gefehlt, die da handelten, wenn man sie rief. Es ist süß, in den Pflichten der Dankbarkeit zugleich die Befriedigung des Geistes zu finden. Möge das Institut noch glänzende Jahre, noch würdige Zöglinge sehen!"

Quellenkundliche Erläuterungen und Grundsätze der Textwiedergabe

Die handschriftlichen Entwürfe zu den beiden Reden vom 3. Mai und 2. August 1845 bewahrte Virchow in seinem schriftlichen Nachlaß auf, der 1917 von Virchows Erben der damaligen Literaturarchiv-Gesellschaft geschenkt wurde.

Diese Gesellschaft, deren Gründung 1891 hauptsächlich das Verdienst des Philosophen Wilhelm Dilthey war, hatte es sich zur Aufgabe gestellt, Nachlässe und literarische Dokumente bedeutender Persönlichkeiten der Literatur und Wissenschaft zu sammeln, aufzubewahren und durch Veröffentlichungen literaturhistorisch interessierten Kreisen zugänglich zu machen. 1932 übergab die Gesellschaft ihre bis zu diesem Zeitpunkt erworbenen Nachlässe an die Akademie der Wissenschaften; seit 1968 verwaltet das Zentrale Archiv der Akademie der Wissenschaften der DDR diese bedeutende Nachlaßsammlung.

Der Virchow-Nachlaß, Gesamtumfang etwa 100 Kästen, hat den zweiten Weltkrieg unbeschadet überstanden. Er enthält den umfangreichen Briefwechsel Virchows, persönliche Dokumente, umfangreiche Materialsammlungen und zahlreiche eigenhändige Manuskripte, darunter auch die Entwürfe zu den beiden Reden.

Virchow hatte seinerzeit geplant, die beiden Reden zu publizieren. Er überarbeitete zu diesem Zweck die Entwürfe, erweiterte sie durch verschiedene Anmerkungen und stellte eine Reinschrift her, in der sie in einem Manuskript zusammengefaßt waren. Diese zweite Fassung, der er noch ein Vorwort voranstellte, schickte er im Herbst 1845 an die von Karl August Wunderlich und Wilhelm Griesinger herausgegebene Zeitschrift „Archiv für physiologische Heilkunde". Die Ablehnung des Manuskripts auf Grund der darin vertretenen revolutionären Anschauungen trug nach der Aussage von Virchow (R. Virchow, Gesammelte Abhandlungen zur wissenschaftlichen Medicin, Frankfurt 1856, S. 478) wesentlich dazu bei, daß er sich entschloß, zusammen mit seinem Freund Benno Reinhardt, 1847 ein eigenes Publikationsorgan, das „Archiv für pathologische Anatomie und Physiologie und für klinische Medicin", zu gründen.

Virchow veröffentlichte 1856 einen kleinen Auszug aus seiner zweiten Rede, betreffend die speziellen fachwissenschaftlichen Ausführungen über Venenentzündung, in seinen „Gesammelten Abhandlungen zur wissenschaftlichen Medicin" (Frankfurt 1856, S. 478–481). Der größere Teil dieser zweiten Rede, in der er sich zu den Grundsatzfragen der Medizin seiner Zeit äußert, wird erstmals im vorliegenden Bande veröffentlicht. Fünf Jahre nach Virchows Tod ist dann durch Johannes Orth, seinen Nachfolger als Direktor des pathologischen Instituts, die Rede vom 3. Mai 1845 in „Virchows Archiv für pathologische Anatomie und Physiologie und für klinische Medicin", Bd. 188, Achtzehnte Folge, Bd. VII, Heft 1, Berlin 1907, S. 1–21 veröffentlicht worden.

Orth benutzte zur Textwiedergabe die erste Fassung, der er das Vorwort aus der Reinschrift voranstellte. Die zweite Fassung dieser Rede blieb unveröffentlicht.

Die verschiedenen Textüberlieferungen werden vom Bearbeiter wie folgt bezeichnet:

Handschrift A: 1. Fassung der Rede vom 3. Mai 1845: „Ueber das Bedürfnis und die Richtigkeit einer Medicin vom mechanischen Standpunkt."

Handschrift B: 1. Fassung der Rede vom 2. August 1845: „Ueber die Nothwendigkeit einer Einigung zwischen Medizin und Naturwissenschaft erläutert an dem Beispiel der Venenentzündung."

Handschrift C: Überarbeitete 2. Fassung der beiden Reden. Zusammengefaßt in einem Manuskript mit der Überschrift:
„Zwei Reden"

Die Handschrift C umfaßt folgende Teile:
„Vorwort"
- Die erste Rede vom 3. Mai 1845 mit der Überschrift:
  „I. Am 3. ten Mai 1845.
  Erinnerung an den Generalstabsarzt Görcke, den Stifter des Fr[iedrich]-W[ilhelms]-Instituts. –
  Das Bedürfniß und die Möglichkeit einer Medizin vom mechanischen Standpunkt, nachgewiesen an Beispielen. Die Therapie der Blutungen. Das entzündliche Blut. Die Säuferdyskrasie."
- Die zweite Rede vom 2. August 1845 mit der Überschrift:
  „II. Am 2. ten August 1845
  Erinnerung an die Stiftung vor 50. Jahren. – Die Nothwendigkeit einer Bearbeitung der Medizin vom mechanischen Standpunkt, erläutert durch das Beispiel der Venenentzündung."

Handschrift A ist heute im Nachlaß nicht mehr auffindbar. Sie ist – dank der Veröffentlichung durch Orth – jedoch als Druck überliefert. Vermutlich ist die Handschrift seinerzeit bei der Drucklegung verlorengegangen.
Handschrift B und Handschrift C sind beide im Nachlaß Virchow vorhanden.
Der Text der Handschrift B ist auf Lagenpapier geschrieben, das Manuskript ist mit Faden geheftet. Das ursprünglich unpaginierte Manuskript umfaßt 11 Blätter. Das Format beträgt 35 cm in der Höhe, 21 cm in der Breite. Die Blätter sind in der Mitte geknickt, das Manuskript halbbrüchig immer auf der rechten Seite, Vorder- und Rückseite, beschrieben. Der Text ist von Virchow bereits während der Niederschrift mehrfach korrigiert worden, ferner finden sich im Text Bleistiftkorrekturen von der Hand des Subdirektors des Friedrich-Wilhelms-Instituts, des Generalarztes Eck. In Vorbereitung der geplanten Veröffentlichung ist das Manuskript noch einmal von Virchow überarbeitet, sowie durch einige Anmerkungen am linken Rand erweitert worden.
Der Text der Handschrift C, enthaltend beide Reden und das Vorwort, ist auf Lagenpapier geschrieben. Die inneren Bogen sind zu einzelnen Blättern geschnitten, die lose im äußeren Bogenumschlag liegen. Das ursprünglich unpaginierte Manuskript umfaßt 21 Blätter. Das Format beträgt 35 cm in der Höhe, 21,5 cm in der Breite. Die Blätter sind in der Mitte geknickt, das Manuskript ist halbbrüchig, immer auf der rechten Seite, Vorder- und Rückseite, beschrieben. Entsprechend seinem Charakter als Reinschrift enthält das Manuskript nur wenige Korrekturen. Während der Herstellung der Reinschrift hat Virchow gegenüber der ersten Fassung oft neu formuliert, so daß es zahlreiche Abweichungen gegenüber der Handschrift B gibt.
Für die Faksimilierung der ersten Rede vom 3. Mai 1845 kam wegen des Verlustes der Handschrift A nur die Handschrift C in Betracht, die die bisher unveröffentlichte zweite Fassung der Rede enthält.
Für die Faksimilierung der bisher – abgesehen von dem erwähnten Auszug – unveröffentlichten Rede vom 2. August 1845 standen die Handschriften B und C zur Verfügung. Die Entscheidung, für die Faksimilierung die Handschrift C zu wählen, beruht auf folgenden Erwägungen:

1. Da für die Veröffentlichung der Rede vom 3. Mai 1845 die Handschrift C benutzt werden mußte, erschien es begründet, auch für die Veröffentlichung der Rede vom 2. August 1845 auf die Handschrift C zurückzugreifen, denn beide Reden stellen innerhalb der Handschrift C eine in sich geschlossene, von Virchow geschaffene Einheit von gleicher äußerer Form im gleichen Überlieferungsstadium dar.
2. Die Handschrift C gibt die beiden Reden in der Form wieder, wie sie von Virchow für die geplante Veröffentlichung vorgesehen war. Es ist daher ein Dokument von „letzter Hand" mit hohem Authenzitätsgrad.

Obwohl die erste Fassung (Handschrift B), wie schon erwähnt, zahlreiche Abweichungen gegenüber der Handschrift C aufweist, erschien eine zusätzliche Veröffentlichung der Handschrift B nicht notwendig, weil diese Abweichungen vorwiegend nur stilistischer Art sind. Soweit die Unterschiede größere Textpassagen umfassen oder inhaltlich gravierend sind, wurden die betreffenden Stellen als Varianten in die Anmerkungen aufgenommen.

Für die Rede vom 3. Mai 1845 erschien die Aufnahme von Varianten in die Anmerkungen nicht notwendig, weil die erste Fassung dieser Rede im Druck vorliegt und für spezielle Vergleichszwecke leicht zugänglich ist.

In dem transkribierten Text wird die teilweise altertümliche Originalorthographie und -interpunktion Virchows einschließlich seiner individuellen Schreibeigentümlichkeiten (Setzen eines Punktes hinter Zahlen, gelegentliches Großschreiben von Adjektiven) beibehalten.

Für die Buchstaben ss verwandte Virchow gemäß den damaligen Schreibgewohnheiten ein Buchstabenzeichen, das heute allgemein als ß wiedergegeben wird. Die Auflösung dieses Zeichens entweder als ss oder als ß erfolgt nach heutigem Schreibgebrauch.

Selbstverständliche Abkürzungen wie u. (und) n̄, m̄ (nn, mm) werden aufgelöst, heute noch gebräuchliche Abkürzungen beibehalten, die sonstigen Abkürzungen in eckigen Klammern ergänzt.

Zweifelhafte Lesungen werden durch ein nachgestelltes Fragezeichen [?] in eckigen Klammern gekennzeichnet.

Offensichtliche Verschreibungen Virchows werden verbessert. Wechselnde Schreibweisen (Aerzte, Ärzte; Medicin, Medizin) werden beibehalten.

Streichungen, Ersetzungen und Ergänzungen von Virchow im Original werden in der Transkription berücksichtigt.

Streichungen im Original werden durch Kursivdruck wiedergegeben. Wenn für die gestrichenen Wörter oder Passagen eine andere Formulierung von Virchow übergeschrieben oder an den Rand gesetzt wurde, so ist diese Ersetzung durch einfache spitze Klammern ⟨ ⟩ im Text hervorgehoben. Sie schließt sich an den gestrichenen Text (im Kursivdruck) an. Ergänzungen, denen keine Streichung vorausging, werden in doppelte spitze Klammern « » eingeschlossen.

Unerhebliche Verschreibungen werden nicht besonders angemerkt. Anmerkungen Virchows sind durch ein Sternchen gekennzeichnet. Anmerkungen des Bearbeiters sind mit hochgestellten arabischen Ziffern bezeichnet. Aus technischen Gründen mußte bei der Faksimilewiedergabe die Originalhandschrift Virchows minimal (um 4%) verkleinert werden. Die Seitenzählung auf dem Faksimile besorgte die Redaktion.

Für die Transkription des Textes und für die Anmerkungen zeichnet als Bearbeiter Klaus Klauß verantwortlich.

Der Titel der Publikation stammt vom Herausgeber.

Klaus Klauß

Kolibri 360 GmbH
Ferdinand-Jühlke-Straße 7
99095 Erfurt, Deutschland
produktsicherheit@kolibri360.de